O Método Ilustrado de Arquimedes:

Utilizando a Lei da Alavanca para Calcular Áreas, Volumes e Centros de Gravidade

Andre K.T. Assis e C.P. Magnaghi

Apeiron
Montreal

Published by C. Roy Keys Inc.
4405, rue St-Dominique
Montreal, Quebec H2W 2B2 Canada
http://redshift.vif.com

First Published 2014

Library and Archives Canada Cataloguing in Publication

Assis, André Koch Torres, 1962-
[Illustrated method of Archimedes. Portuguese]
O método ilustrado de Arquimedes : utilizando a lei da alavanca para calcular áreas, volumes e centros de gravidade / Andre K.T. Assis e C.P. Magnaghi.

Translation of: The illustrated method of Archimedes.
Includes bibliographical references.
Issued in print and electronic formats.
ISBN 978-0-9920456-7-8 (pbk.).--ISBN 978-0-9920456-8-5 (pdf)

1. Mechanics. 2. Archimedes. I. Magnaghi, C. P. (Ceno Pietro), 1942-, author II. Title. III. Title: Illustrated method of Archimedes. Portuguese.

QA805.A8717 2014 531 C2014-907320-8
C2014-907321-6

Descrição da figura na capa: Ilustração do método de Arquimedes. Figuras em equilíbrio ao longo dos braços de uma alavanca.

O Método Ilustrado de Arquimedes: Utilizando a Lei da Alavanca para Calcular Áreas, Volumes e Centros de Gravidade

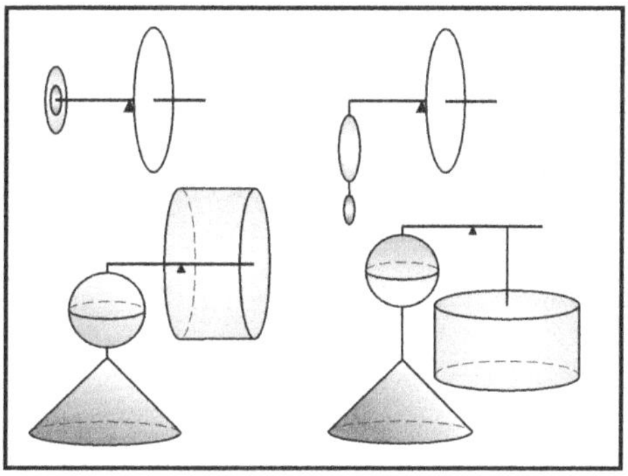

A. K. T. Assis[1] e C. P. Magnaghi[2]

Instituto de Física
Universidade Estadual de Campinas—UNICAMP
13083-859 Campinas, SP, Brasil

1 - Homepage: `<www.ifi.unicamp.br/~assis>`
Email: assis@ifi.unicamp.br

2 - Email: cenopietro@gmail.com

Sumário

Agradecimentos 5

1 Introdução 7

2 Os Princípios Físicos do Método de Arquimedes 9
- 2.1 O Centro de Gravidade 9
  - 2.1.1 Definição do Centro de Gravidade 9
  - 2.1.2 Determinação Experimental do Centro de Gravidade . . . 9
  - 2.1.3 Determinação Teórica do Centro de Gravidade 11
- 2.2 A Lei da Alavanca 12

3 Arquimdes, o Círculo e a Esfera 15

4 O Método Ilustrado de Arquimedes 23
- 4.1 Lemas do Trabalho *O Método* 23
- 4.2 Demonstração Física do Teorema I: Área de um Segmento de Parábola 23
  - 4.2.1 Importância do Teorema I 29
- 4.3 Demonstração Física do Teorema II: Volume de uma Esfera . . . 30
  - 4.3.1 Importância do Teorema II 36
- 4.4 Demonstração Física do Teorema V: Centro de Gravidade de um Paraboloide de Revolução 40
  - 4.4.1 Importância do Teorema V 45

5 Conclusão 47

Referências Bibliográficas 49

Agradecimentos

Os autores agradecem a Irineu Bicudo, João Paulo Martins de Castro Chaib, C. Roy Keys, Adolfo Maia Jr., Sandro Guedes de Oliveira, Fernando Jorge da Paixão Filho, Daniel Robson Pinto, Márcio A. A. Pudenzi, Varlei Rodrigues, Chris Rorres e Domingos S. d. L. Soares por comentários, sugestões, referências, figuras, apoio etc. Agradecem também ao Instituto de Física da Unicamp que forneceu as condições necessárias para a realização deste trabalho.

André Koch Torres Assis e Ceno Pietro Magnaghi
Instituto de Física
Universidade Estadual de Campinas—UNICAMP
13083-859 Campinas - SP, Brasil
Emails: assis@ifi.unicamp.br e cenopietro@gmail.com
Homepage: <www.ifi.unicamp.br/~assis>

Capítulo 1

Introdução

Este livro é uma tradução para a língua portuguesa de uma obra publicada em 2012.[1]

As principais obras de Arquimedes (287-212 a. C.) ligadas com a física já foram traduzidas para a língua portuguesa, a saber, *Sobre o Equilíbrio dos Planos* e *Sobre os Corpos Flutuantes*.[2] Sua obra *O Método*, discutida neste livro, também já se encontra totalmente traduzida para a língua portuguesa, com comentários.[3] Uma discussão ampla sobre a vida e a obra de Arquimedes, sobre o conceito do centro de gravidade e sobre a lei da alavanca, contendo muito material histórico, citações de textos originais e reproduções de diversas experiências sobre estes temas realizadas com material de baixo custo pode ser encontrada em livros de 2008 e 2010.[4]

Em 1906 Johan Ludwig Heiberg (1854-1928), figura 1.1, filólogo e historiador da ciência, descobriu um texto de Arquimedes cujo conteúdo era até então desconhecido.

O título deste trabalho era conhecido por diferentes nomes: *Soluções Geométricas Obtidas pela Mecânica*,[5] *O Método dos Teoremas Mecânicos*,[6] e *O Método de Arquimedes de Tratar Problemas Mecânicos*.[7] Vamos denominar esta obra neste livro simplesmente pelo nome de *O Método*.

Esta obra de Arquimedes estava contida em uma carta endereçada ao cientista Eratóstenes (285-194 a. C.). Eratóstenes foi um grande matemático e geógrafo da Grécia Antiga, bibliotecário chefe da grande biblioteca de Alexandria, tendo ficado famoso por sua estimativa precisa do raio terrestre. Nesta carta Arquimedes apresentou um método heurístico para calcular áreas, volumes e centros de gravidade de figuras geométricas utilizando a lei da alavanca.

---

[1] [AM12].
[2] [Ass96], [Ass97], [Arq04], [Arq] e [Arq12].
[3] [Mag].
[4] [Ass08] e [Ass10].
[5] [Smi09] e [Arc09].
[6] [Arc87] e [Arc02a].
[7] [Arc02a].

Figura 1.1: J. L. Heiberg.

O objetivo deste livro é apresentar a essência do método de Arquimedes. A análise que apresentamos vai se concentrar nos aspectos físicos destes cálculos. Figuras vão ilustrar todas as alavancas em equilíbrio. Serão enfatizados os postulados utilizados por Arquimedes. Utilizaremos o mínimo de cálculos matemáticos que são necessários para acompanhar as provas dos teoremas.

Capítulo 2

Os Princípios Físicos do Método de Arquimedes

2.1 O Centro de Gravidade

2.1.1 Definição do Centro de Gravidade

Arquimedes mencionou o "centro de gravidade" diversas vezes em suas obras que chegaram até nós. Contudo, nos seus trabalhos ainda existentes não há uma definição deste conceito. Esta definição foi provavelmente incluída em um de seus trabalhos que atualmente está perdido. De qualquer forma, a partir da análise de suas obras conhecidas, este conceito poderia ser compreendido da seguinte maneira:[1]

> O centro de gravidade de um corpo rígido é um ponto tal que, se for concebido que o corpo está suspenso por este ponto, tendo liberdade para girar em todos os sentidos ao redor deste ponto, o corpo assim sustentado permanece em repouso e preserva sua posição original, qualquer que seja sua orientação inicial em relação à Terra.

2.1.2 Determinação Experimental do Centro de Gravidade

Pelo que se encontrou nas obras conhecidas de Arquimedes, podemos concluir que ele sabia como determinar experimentalmente o centro de gravidade de qualquer corpo rígido. Na Proposição 6 de seu trabalho sobre a *Quadratura da Parábola*, afirmou o seguinte:[2]

---

[1] [Hea21, págs. 24, 301, 350-351 e 430], [Arc87, págs. 17, 47-48, 289-304, 315-316, 321-322 e 435-436], [Arc02b, págs. clxxxi-clxxxii], [Ass08, Seção 4.9, págs. 90-91] e [Ass10, Capítulo 6, págs. 123-132].

[2] [Duh91, pág. 463], [Duh06, pág. 307], [Mug71, pág. 171], [Ass08, pág. 122] e [Ass10, pág. 124].

> Todo corpo, suspenso por qualquer ponto, assume um estado de equilíbrio quando o ponto de suspensão e o centro de gravidade do corpo estão ao longo de uma mesma linha vertical; pois esta proposição já foi demonstrada.

Infelizmente esta demonstração não chegou até nós em nenhuma das obras conhecidas de Arquimedes.

Esta afirmação sugere um procedimento prático para se encontrar experimentalmente o centro de gravidade de um corpo.[3] Suspende-se o corpo por um ponto de suspensão P_1. Espera-se até que o corpo fique em equilíbrio, em repouso em relação ao solo, traçando-se então, com o auxílio de um fio de prumo, uma reta vertical passando pelo ponto P_1. Seja E_1 a extremidade do corpo ao longo desta linha vertical, figura 2.1.

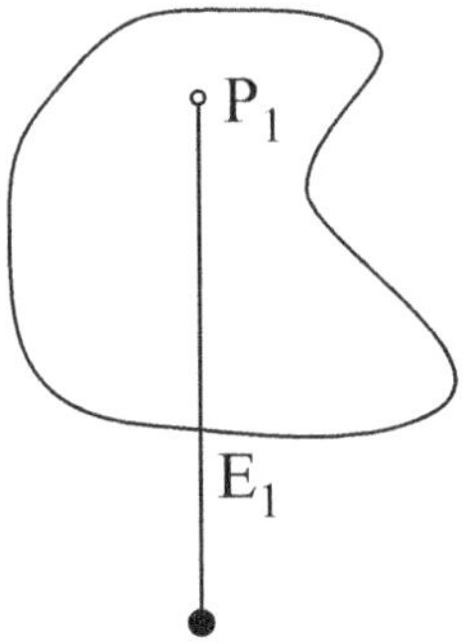

Figura 2.1: Um fio de prumo é utilizado para traçar a linha vertical conectando o ponto de suspensão P_1 até a extremidade E_1 do corpo.

O corpo é então dependurado por um outro ponto de suspensão P_2 que não está ao longo da primeira linha vertical P_1E_1. Espera-se até que fique em equilíbrio, em repouso em relação ao solo, traçando-se então uma segunda linha vertical através do ponto P_2 com o auxílio do fio de prumo. Seja E_2 uma outra extremidade deste corpo ao longo desta segunda linha vertical. A intersecção das duas linhas verticais, P_1E_1 e P_2E_2, é o centro de gravidade CG do corpo, figura 2.2.

Deve ser enfatizado que, de acordo com Arquimedes, este procedimento não era uma definição do centro de gravidade. Em vez de ser uma definição, este resultado de que o centro de gravidade está no cruzamento das verticais passando pelos pontos de suspensão do corpo foi provado teoricamente por Arquimedes utilizando uma definição prévia do centro de gravidade, assim como alguns postulados atualmente desconhecidos.

[3] [Ass08, Capítulo 4] e [Ass10, Capítulo 4].

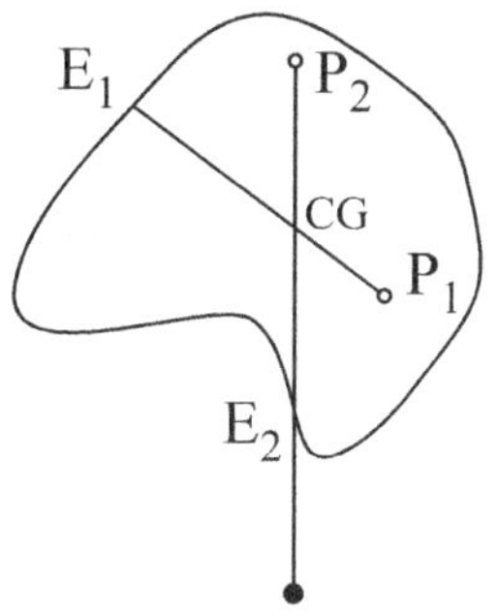

Figura 2.2: A intersecção das duas verticais é o centro de gravidade do corpo.

2.1.3 Determinação Teórica do Centro de Gravidade

Em seus trabalhos Arquimedes calculou o centro de gravidade de figuras filiformes, planas e volumétricas.[4]

Um de seus postulados mais importantes que utilizou para obter os valores destes centros de gravidade está contido em seu trabalho *Sobre o Equilíbrio dos Planos*. É o famoso sexto postulado, a saber:[5]

> Se grandezas se equilibram a certas distâncias, então grandezas equivalentes a estas grandezas se equilibrarão, por sua vez, nas mesmas distâncias.

O significado deste sexto postulado tão importante foi esclarecido por Vailati, Toeplitz, Stein e Dijksterhuis.[6] Por "grandezas a certas distâncias," Arquimedes se referia às "grandezas cujos centros de gravidade estão às mesmas distâncias do fulcro da alavanca." Já a expressão "grandezas equivalentes" se referia a "grandezas de mesmo peso."

Vamos dar um exemplo do que ele quis dizer com este postulado. Suponha que um sistema de corpos mantenham uma alavanca em equilíbrio, parada em relação ao solo. De acordo com este postulado, um certo corpo A suspenso pela alavanca pode ser substituído por um outro corpo B, sem perturbar o equilíbrio da alavanca, desde que as seguintes condições sejam satisfeitas: (1) O peso do corpo B tem de ser igual ao peso do corpo A; e (2) a distância do centro de gravidade do corpo A até o fulcro da alavanca tem de ser igual à distância do centro de gravidade do corpo B até o fulcro da alavanca.

[4][Ass08, seção 6.2: Resultados Teóricos sobre o Centro de Gravidade Obtidos por Arquimedes] e [Ass10, Section 6.2: Theoretical Values of Center of Gravity Obtained by Archimedes, págs. 132-136].

[5][Arc02b, pág. 190], [Dij87, pág. 287], [Ass08, Seção 6.2: Tradução da Obra de Arquimedes, pág. 223] e [Ass10, págs. 210-211].

[6][Ste30], [Dij87, págs. 289-304 e 321-322], [Ass08, Seção 9.7: A Demonstração da Lei da Alavanca Apresentada por Arquimedes e o Cálculo do Centro de Gravidade de um Triângulo] e [Ass10, Section 7.1: Archimedes's Proof of the Law of the Lever, págs. 209-215].

Em seu trabalho *Sobre o Equilíbrio dos Planos* Arquimedes utilizou este sexto postulado para demonstrar a lei da alavanca, assim como para calcular o centro de gravidade de um triângulo e de algumas outras figuras.[7]

Este sexto postulado também será essencial no método de Arquimedes discutido neste livro, Capítulo 4.

2.2 A Lei da Alavanca

A alavanca é uma das máquinas simples estudadas na antiga Grécia. Ela é constituída de um corpo rígido, normalmente linear, denominado de haste ou travessão da alavanca. Esta haste é capaz de girar ao redor de um eixo horizontal que é fixo em relação ao solo. Este eixo é ortogonal à haste da alavanca, sendo denominado de fulcro ou de ponto de suspensão da alavanca. Algumas vezes se dá este nome de fulcro à intersecção entre o eixo horizontal e a haste da alavanca. A alavanca é como se fosse uma balança de braços iguais, só que com a possibilidade de colocar os pesos a distâncias diferentes do fulcro. Nas figuras deste livro vamos considerar que a alavanca é simétrica em relação ao plano vertical passando pelo fulcro, tendo uma haste linear, permanecendo a haste da alavanca horizontal quando não há corpos apoiados nela.

Uma alavanca está em equilíbrio quando seu travessão permanece na horizontal, em repouso em relação ao solo. A distância horizontal d entre o ponto de suspensão de um corpo sobre o travessão e o plano vertical passando pelo fulcro é chamado de braço da alavanca. Algumas vezes vamos nos referir a este braço, por brevidade, como sendo a "distância entre o corpo e o fulcro." Quando são mencionados os dois braços de uma alavanca, eles devem ser entendidos como estando em lados opostos em relação ao plano vertical passando pelo fulcro.

Arquimedes demonstrou a lei da alavanca nas Proposições 6 e 7 de seu trabalho *Sobre o Equilíbrio dos Planos*:[8]

> Proposição 6: Grandezas comensuráveis se equilibram em distâncias inversamente proporcionais a seus pesos.
>
> Proposição 7: Da mesma maneira, mesmo se as grandezas são incomensuráveis, elas se equilibrarão em distâncias inversamente proporcionais às grandezas.

Heath combinou estas duas proposições em sua paráfrase do trabalho de Arquimedes:[9]

> Proposições 6, 7. Duas grandezas, sejam elas comensuráveis [Prop. 6] ou incomensuráveis [Prop. 7], se equilibram a distâncias inversamente proporcionais a suas grandezas.

[7]Uma discussão detalhada deste trabalho encontra-se em [Ass08, Seção 9.7: A Demonstração da Lei da Alavanca Apresentada por Arquimedes e o Cálculo do Centro de Gravidade de um Triângulo, págs. 200-208] e [Ass10, Section 10.7: Archimedes's Proof of the Law of the Lever and Calculation of the Center of Gravity of a Triangle, págs. 209-217].

[8][Dij87, págs. 289 e 305], [Ass08, págs. 170-171] e [Ass10, págs. 175-176].

[9][Arc02b, pág. 192], [Ass08, pág. 171] e [Ass10, pág. 176].

Suponha que os pesos P_A e P_B estejam localizados dos dois lados de uma alavanca em equilíbrio, apoiados por seus centros de gravidade localizados às distâncias d_A e d_B do fulcro F, figura 2.3.

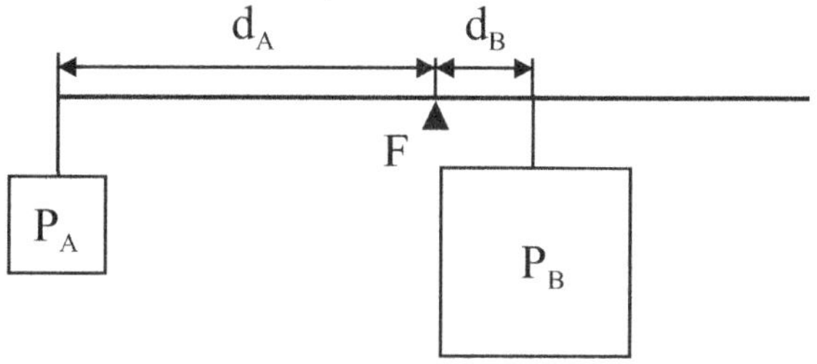

Figura 2.3: Alavanca em equilíbrio ao redor do fulcro F.

De acordo com a lei da alavanca, vai ocorrer equilíbrio caso a seguinte relação seja satisfeita:

$$\frac{d_A}{d_B} = \frac{P_B}{P_A} . \tag{2.1}$$

Capítulo 3

Arquimedes, o Círculo e a Esfera

Arquimedes sempre teve grande interesse nas propriedades geométricas do círculo e da esfera, sendo que foi ele quem obteve as principais propriedades destas figuras. Ele sabia que o comprimento de um círculo é proporcional a seu diâmetro. Na sua época o teorema expressando esta proporcionalidade deveria ser expresso da seguinte maneira:

Os comprimentos de dois círculos estão entre si como seus diâmetros.

Sejam c_1 e c_2 os comprimentos dos círculos de raios r_1 e r_2, respectivamente, como na figura 3.1.

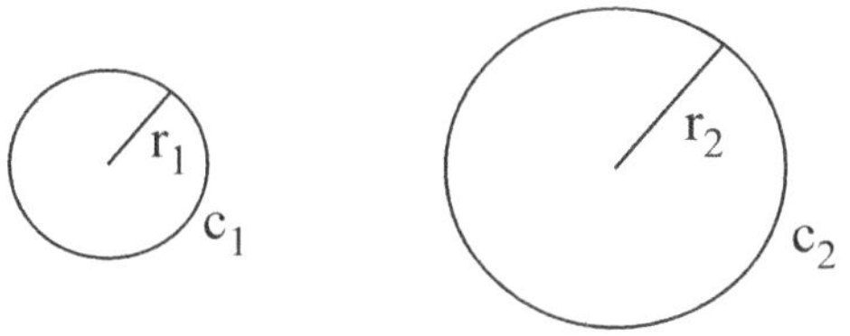

Figura 3.1: Círculos de raios r_1 e r_2 com comprimentos c_1 e c_2, respectivamente.

Sejam $d_1 = 2r_1$ e $d_2 = 2r_2$ os diâmetros destes círculos. O teorema da proporcionalidade entre os comprimentos e os diâmetros pode ser expresso matematicamente da seguinte maneira:

$$\frac{c_1}{c_2} = \frac{d_1}{d_2} = \frac{2r_1}{2r_2} = \frac{r_1}{r_2} . \tag{3.1}$$

Em 1706 o matemático William Jones (1675-1749) propôs que se passasse a utilizar o símbolo π para representar a razão da circunferência de um círculo para seu diâmetro. Este definição de π foi popularizada pelo famoso matemático e físico Leonhard Euler (1707-1783) em 1737. Esta definição pode ser expressa matematicamente da seguinte maneira, considerando um círculo qualquer de comprimento c, diâmetro d e raio r:

$$\pi \equiv \frac{c}{d} = \frac{c}{2r} . \tag{3.2}$$

Com esta definição de π, o comprimento de qualquer círculo pode então ser expresso como:

$$c = 2\pi r . \tag{3.3}$$

Foi apenas em 1761 que o matemático J. H. Lambert (1728-1777) provou que π é um número irracional, de tal forma que ele não pode ser expresso como a razão de dois números inteiros.

Embora Arquimedes não tenha mencionado nada sobre a irracionalidade da razão entre o comprimento de um círculo e seu diâmetro, ele obteve uma aproximação excelente para esta razão em seu trabalho *Medida do Círculo*.[1] Neste trabalho ele encontrou limites superiores e inferiores para esta razão ao circunscrever e inscrever um círculo com dois polígonos regulares de n lados. A figura 3.2 mostra um círculo com um hexágono inscrito e outro circunscrito.

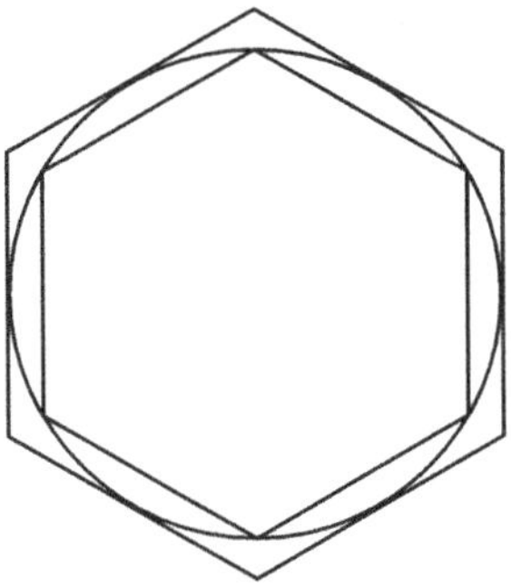

Figura 3.2: Círculo com um hexágono inscrito e outro circunscrito.

É intuitivo que ao aumentar o número n de lados dos polígonos, os perímetros dos dois polígonos se aproximam do valor do comprimento do círculo entre eles. Ao inscrever e circunscrever um círculo com polígonos regulares de 96 lados, Arquimedes encontrou o seguinte resultado:[2]

> A razão da circunferência de qualquer círculo para seu diâmetro é menor do que $3\frac{1}{7}$ mas maior do que $3\frac{10}{71}$.

[1] *Measurement of a Circle*, [Arc02b, págs. 91-98].

[2] [Arc02b, *Measurement of a Circle*, Proposição 3, pág. 93], [Ass08, pág. 28] e [Ass10, pág. 32].

Matematicamente este teorema pode ser expresso da seguinte maneira:

$$3\frac{10}{71} < \frac{c}{d} < 3\frac{1}{7} \; . \tag{3.4}$$

A equação (3.2) combinada com a equação (3.4) fornece os seguintes limites para π encontrados por Arquimedes:

$$3,1408 < \pi < 3,1429 \; . \tag{3.5}$$

Estes valores notáveis obtidos por Arquimedes para os limites da razão do comprimento de um círculo para seu diâmetro, com números tão simples e fáceis de lembrar como na equação (3.4), são os mais famosos da antiguidade grega. Vemos então que Arquimedes obteve aproximações excelentes para o valor numérico de π.

Desde os matemáticos Eudoxo (aproximadamente 390-338 a. C.) e Euclides, que viveu ao redor de 300 a. C., era conhecido que a área de qualquer círculo é proporcional ao quadrado de seu diâmetro. O segundo teorema do livro XII da obra *Os Elementos* de Euclides afirma o seguinte:[3]

> Os círculos estão entre si como os quadrados sobre os diâmetros.

Considere os círculos 1 e 2 da figura 3.1 com raios r_1 e r_2, diâmetros $d_1 = 2r_1$ e $d_2 = 2r_2$, além de áreas A_1 e A_2, respectivamente. Este teorema pode ser expresso matematicamente como segue:

$$\frac{A_1}{A_2} = \left(\frac{d_1}{d_2}\right)^2 = \left(\frac{r_1}{r_2}\right)^2 \; . \tag{3.6}$$

Arquimedes conseguiu ir além do que Eudoxo e Euclides haviam obtido. Em seu trabalho *Medida do Círculo* provou que:[4]

> Proposição 1: A área de qualquer círculo é igual a um triângulo retângulo no qual um dos lados ao redor do ângulo reto é igual ao raio, e o outro [lado é igual] à circunferência do círculo.

Este resultado está ilustrado na figura 3.3.

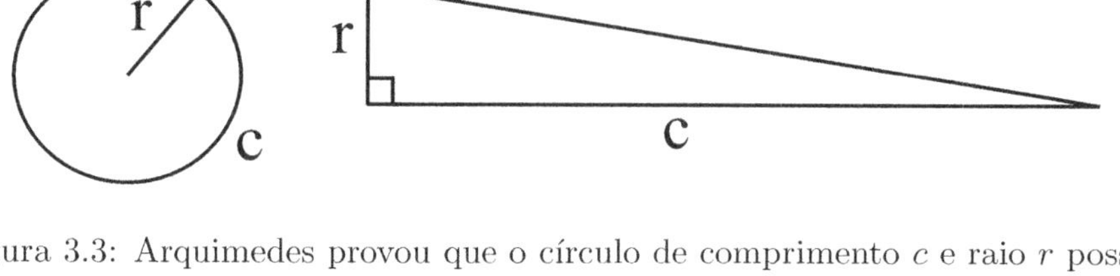

Figura 3.3: Arquimedes provou que o círculo de comprimento c e raio r possui a mesma área que um triângulo retângulo de lados c e r.

[3] [Euc56, Proposição 2, Livro XII] e [Euc09, pág. 528].
[4] [Arc02b, pág. 91], [Ass08, pág. 28] e [Ass10, pág. 32].

Seja A a área de um círculo de raio r e comprimento c. Seja A_T a área de um triângulo retângulo no qual os lados ao redor do ângulo reto são r e c. O resultado obtido por Arquimedes em seu trabalho *Medida do Círculo* pode ser expresso pela seguinte fórmula:

$$A = A_T = \frac{c \cdot r}{2} . \tag{3.7}$$

Combinando as equações (3.2), (3.3) e (3.7) obtém-se a fórmula moderna para a área de um círculo, a saber:

$$A = A_T = \frac{c \cdot r}{2} = \frac{2\pi r \cdot r}{2} = \pi r^2 . \tag{3.8}$$

Desde Eudoxo e Euclides também já se conhecia que o volume de uma esfera é proporcional ao cubo de seu diâmetro. A Proposição 18 do livro XII de *Os Elementos* de Euclides afirma o seguinte:[5]

> As esferas estão entre si em uma razão tripla da dos próprios diâmetros.

Considere duas esferas de raios r_1 e r_2, diâmetros $d_1 = 2r_1$ e $d_2 = 2r_2$, além de volumes V_1 e V_2, respectivamente. Este teorema pode ser expresso algebricamente da seguinte forma:

$$\frac{V_1}{V_2} = \left(\frac{d_1}{d_2}\right)^3 = \left(\frac{r_1}{r_2}\right)^3 . \tag{3.9}$$

Arquimedes foi além deste resultado. Em seu trabalho *Sobre a Esfera e o Cilindro* provou três resultados extremamente importantes, a saber:[6]

> Proposição 33: A superfície de qualquer esfera é quatro vezes seu círculo máximo.
> Proposição 34: Qualquer esfera é igual a quatro vezes o cone que tem sua base igual ao círculo máximo da esfera e sua altura igual ao raio da esfera.
> Corolário: Do que foi demonstrado segue-se que todo cilindro cuja base é o círculo máximo de uma esfera e cuja altura é igual ao diâmetro da esfera é 3/2 da esfera, e sua superfície juntamente com suas bases vale 3/2 da superfície da esfera.

Seja A_E a área de uma esfera de raio r e diâmetro $d = 2r$, sendo A a área do círculo máximo da esfera (ou seja, a área de um círculo de raio r passando pelo centro da esfera). A Proposição 33 de Arquimedes pode ser expressa algebricamente da seguinte maneira:

$$A_E = 4A . \tag{3.10}$$

---

[5] [Euc56] e [Euc09, pág. 561].

[6] [Arc02b, Livro I, Proposições 33 e 34, págs. 39-43], [Ass08, págs. 19-20] e [Ass10, pág. 24].

As equações (3.8) e (3.10) fornecem o resultado moderno da área da esfera expresso da seguinte maneira:

$$A_E = 4A = 4\pi r^2 \ . \tag{3.11}$$

A Proposição 34 pode ser representada pela figura 3.4.

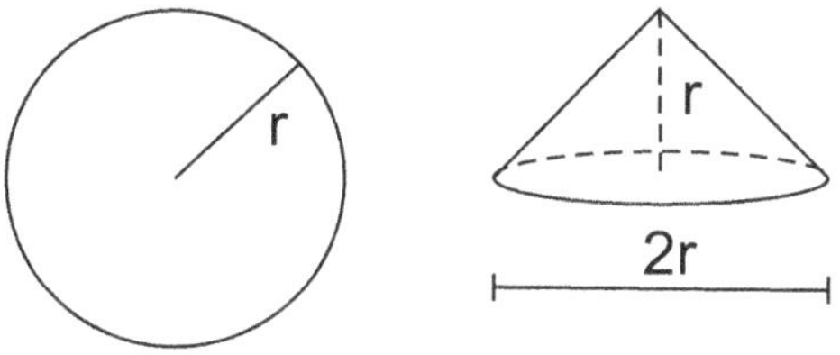

Figura 3.4: O volume de qualquer esfera é igual a quatro vezes o volume do cone que tem sua base igual ao círculo máximo da esfera e sua altura igual ao raio da esfera.

Seja V o volume de uma esfera de raio r e V_{Cone} o volume de um cone que tem sua base igual ao círculo máximo da esfera e sua altura igual ao raio da esfera. Este teorema 34 pode ser expresso algebricamente da seguinte maneira:

$$V = 4V_{Cone} \ . \tag{3.12}$$

Desde Demócrito (aproximadamente 460-370 a. C.), Eudoxo e Euclides era conhecido que o volume de um cone é a terça parte do volume de um cilindro que tem a mesma base e a mesma altura.[7] A Proposição 10 do Livro XII de *Os Elementos* de Euclides prova o seguinte teorema:[8]

> Todo cone é uma terça parte do cilindro que tem a mesma base que ele e altura igual.

Este teorema está ilustrado pela figura 3.5.

Seja V_{Cil} o volume de um cilindro e V_{Cone} o volume de um cone com mesma altura e base igual à do cilindro. Este teorema pode ser expresso algebricamente como segue:

$$V_{Cone} = \frac{1}{3} V_{Cil} \ . \tag{3.13}$$

As equações (3.12) e (3.13) fornecem o seguinte resultado:

$$V = 4V_{Cone} = \frac{4}{3} V_{Cil} \ . \tag{3.14}$$

Vamos agora considerar na equação (3.14) que o cone e o cilindro possuem altura igual ao raio da esfera, $h = r$, tendo bases iguais ao círculo máximo da esfera, figura 3.6.

[7] [Arc02a, pág. 13], [Ass08, pág. 34], [Ass10, pág. 39] e [Mag, págs. 54 e 62].

[8] [Euc56] e [Euc09, pág. 543].

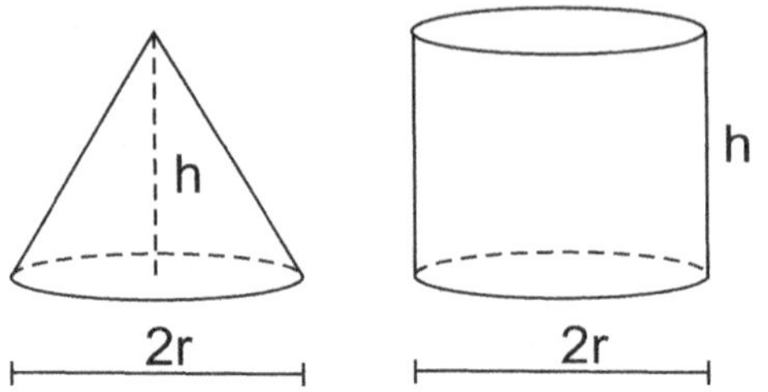

Figura 3.5: O volume de qualquer cone que tem como base um círculo de raio r e uma altura h é igual a um terço do volume do cilindro que tem a mesma base que ele e altura igual.

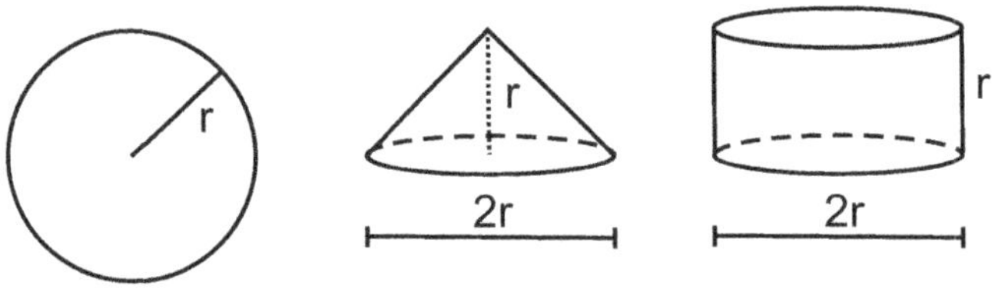

Figura 3.6: Uma esfera de raio r, um cone de altura r e base igual ao círculo máximo da esfera, além de um cilindro de altura r e base igual à do cone.

O volume do cilindro da equação (3.14) com altura r é a metade do volume do cilindro com altura $2r$ circunscrevendo a esfera de raio r, como mostrado na figura 3.7.

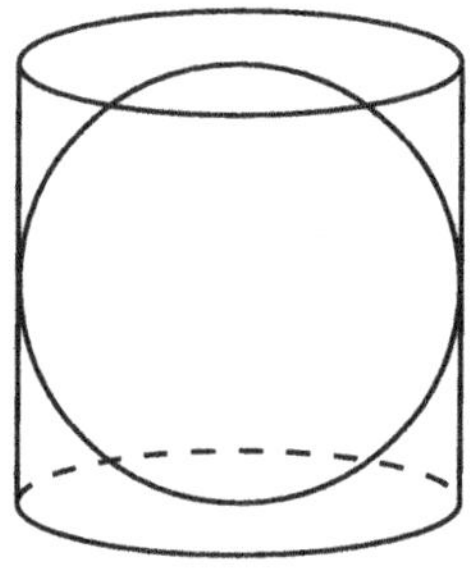

Figura 3.7: Esfera de raio r com cilindro que a circunscreve, de altura $2r$ e base igual ao círculo máximo da esfera.

Seja $V_{Cilindro\ que\ circunscreve}$ o volume do cilindro que circunscreve uma esfera de raio r e volume V. A equação (3.14) pode então ser expressa da seguinte forma:

$$V = \frac{2}{3} V_{Cilindro\ que\ circunscreve}\ . \tag{3.15}$$

Invertendo esta equação obtém-se o resultado que Arquimedes expressou em palavras no Corolário da Proposição 34 do Livro I de sua obra *Sobre a Esfera e o Cilindro*, a saber:

$$V_{Cilindro\ que\ circunscreve} = \frac{3}{2}V \ . \tag{3.16}$$

Mas o volume do cilindro que circunscreve a esfera é igual a sua base vezes a sua altura $h = 2r$. Da equação (3.8) vem que a área da base deste cilindro é dada por πr^2. Com isto obtemos então que seu volume é dado por $\pi r^2 \cdot 2r$. Jogando este resultado na equação (3.16) obtém-se:

$$V_{Cilindro\ que\ circunscreve} = \frac{3}{2}V = \left(\pi r^2\right) \cdot (2r) \ . \tag{3.17}$$

Esta equação indica a maneira moderna de representar o volume V da esfera de raio r, a saber:

$$V = \frac{2}{3}V_{Cilindro\ que\ circunscreve} = \frac{2}{3}\left(\pi r^2\right) \cdot (2r) = \frac{4}{3}\pi r^3 \ . \tag{3.18}$$

Concluímos então que os resultados modernos mais importantes ligados ao círculo e à esfera são devidos a Arquimedes, a saber: (I) Aproximações excelentes para o limite superior e para o limite inferior da razão entre a circunferência de um círculo e seu diâmetro, ou seja, para o valor de π; (II) O comprimento c de um círculo de raio r é dado por $c = 2\pi r$; (III) A área A de um círculo de raio r é dada por $A = \pi r^2$; (IV) a área A_E de uma esfera de raio r é dada por $A_E = 4\pi r^2$; e (V) o volume V de uma esfera de raio r é dado por $V = 4\pi r^3/3$.

As provas das Proposições 33 e 34 de seu trabalho *Sobre a Esfera e o Cilindro* eram puramente geométricas. Foi apenas com a descoberta de seu trabalho *O Método* que se tornou conhecido como Arquimedes obteve originalmente estes resultados. Seu método heurístico utiliza a lei da alavanca, em uma combinação brilhante da física com a matemática. Este método será discutido na Seção 4.3.

Capítulo 4

O Método Ilustrado de Arquimedes

4.1 Lemas do Trabalho *O Método*

Ao longo de seu trabalho *O Método* Arquimedes utilizou vários lemas. Os mais relevantes que vão nos interessar neste livro são apresentados a seguir:[1]

> O centro de gravidade de qualquer linha reta é o ponto de bisseção da linha reta.
>
> O centro de gravidade de qualquer triângulo é o ponto no qual se cortam as linhas retas traçadas a partir dos pontos angulares até os pontos médios dos lados [opostos].
>
> O centro de gravidade de um círculo é o ponto que também é o centro [do círculo].
>
> O centro de gravidade de qualquer cilindro é o ponto de bisseção de seu eixo.

4.2 Demonstração Física do Teorema I: Área de um Segmento de Parábola

A figura 4.1 representa uma parábola $\rho\phi\gamma$ com vértice ϕ e diâmetro $\phi\eta$. Este diâmetro é o eixo de simetria da parábola. A corda $\rho\gamma$ é a base do segmento, sendo perpendicular ao segmento $\phi\eta$, no qual η é o ponto médio de $\rho\gamma$. A corda $\alpha\gamma$ está inclinada em relação ao diâmetro. O ponto δ divide o segmento $\alpha\gamma$ em duas partes iguais. A partir do ponto δ é traçada uma linha reta paralela ao diâmetro $\phi\eta$, encontrando a parábola no ponto β. Portanto, o segmento $\beta\delta$ é

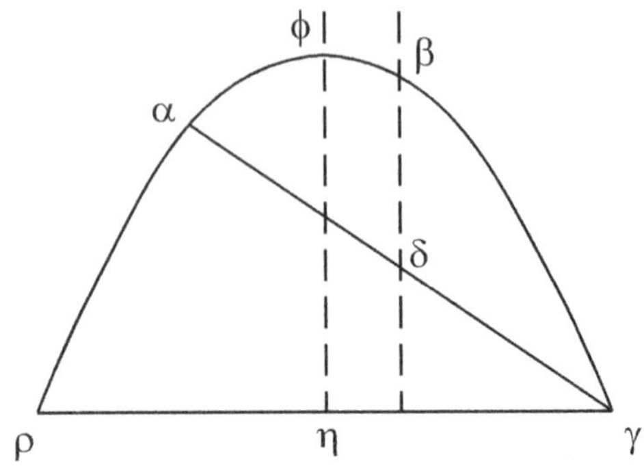

Figura 4.1: Parábola $\rho\phi\gamma$ com vértice ϕ, diâmetro $\phi\eta$ e corda $\rho\gamma$ perpendicular ao diâmetro, dividida em duas partes iguais no ponto η. Arquimedes considerou o caso geral de um segmento parabólico $\alpha\beta\gamma$ com corda $\alpha\gamma$ inclinada em relação ao diâmetro $\phi\eta$. O ponto δ divide o segmento $\alpha\gamma$ em duas partes iguais, enquanto que, por construção, o segmento $\beta\delta$ é paralelo ao segmento $\phi\eta$.

paralelo ao segmento $\phi\eta$.

No caso particular no qual o ponto α coincide com o ponto ρ, então a corda $\alpha\gamma$ irá coincidir com o segmento $\rho\gamma$. Neste caso particular o segmento $\alpha\gamma$ será perpendicular ao diâmetro $\phi\eta$, já que o ponto β coincidirá com o ponto ϕ, enquanto que o ponto δ coincidirá com o ponto η, figura 4.2 (a).

Arquimedes considerou o caso geral de um segmento parabólico $\alpha\beta\gamma$ com corda $\alpha\gamma$ inclinada em relação ao diâmetro $\phi\eta$, como na figura 4.2 (b). O caso simétrico ocorre quando o ponto α coincide com o ponto ρ, enquanto que o ponto β coincide com o ponto ϕ. Este caso particular está contido no caso geral considerado por Arquimedes.

Arquimedes provou que a área do segmento parabólico $\alpha\beta\gamma$ é igual a 4/3 da área do triângulo $\alpha\beta\gamma$ inscrito nesta parábola. Este resultado é válido não apenas no caso simétrico para o qual a corda $\alpha\gamma$ é perpendicular ao diâmetro $\phi\eta$, figura 4.2 (a), mas também no caso geral para o qual a corda $\alpha\gamma$ pode estar inclinada em relação ao diâmetro $\phi\eta$, figura 4.2 (b).

Ou seja, a seguinte relação é válida nos dois casos:

$$\frac{\text{área do segmento parabólico } \alpha\beta\gamma}{\text{área do triângulo } \alpha\beta\gamma} = \frac{4}{3} \,. \tag{4.1}$$

A figura 4.3 apresenta os principais elementos para provar este teorema.[2]

Na figura 4.3 seja $\alpha\beta\gamma$ a área de um segmento parabólico limitado pela linha reta $\alpha\gamma$ e pela parábola $\alpha\beta\gamma$. Seja δ o ponto médio do segmento $\alpha\gamma$. A partir do ponto δ trace a linha reta $\delta\beta\varepsilon$ paralela ao diâmetro da parábola, ligando ainda os segmentos $\alpha\beta$ e $\beta\gamma$. A partir do ponto α trace o segmento $\alpha\kappa\zeta$ paralelo ao segmento $\varepsilon\delta$. Suponha que a tangente à parábola no ponto

[1][Arc02a, págs. 14-15], [Ass08, págs. 130-131] e [Mag, págs. 106-107].
[2][Dij87, pág. 317], [Arc02a, pág. 16] e [Mag, pág. 48].

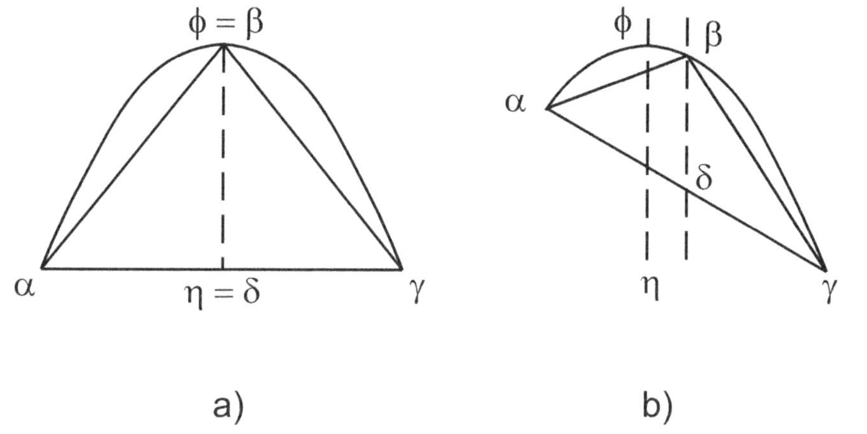

Figura 4.2: (a) Corda $\alpha\gamma$ perpendicular ao diâmetro $\phi\eta$, que coincide com o segmento $\beta\delta$. (b) Corda $\alpha\gamma$ inclinada em relação ao diâmetro $\phi\eta$.

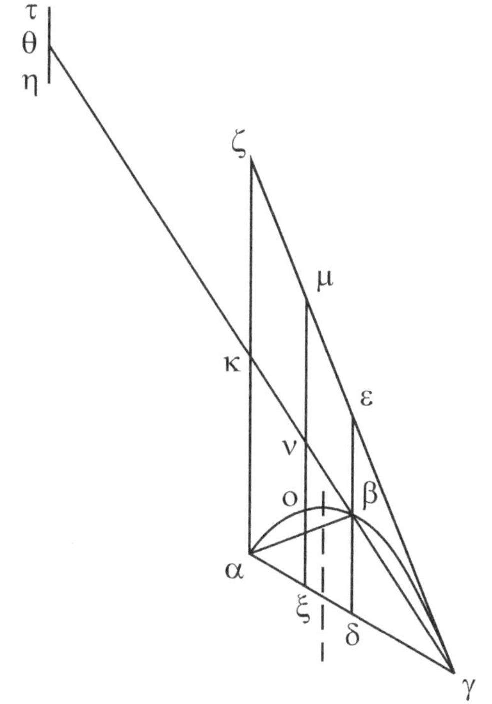

Figura 4.3: Construção geométrica do Teorema I no caso geral. O segmento tracejado é o diâmetro ou eixo de simetria da parábola.

γ encontre o segmento $\delta\beta\varepsilon$ no ponto ε, encontrando ainda o segmento $\alpha\kappa\zeta$ no ponto ζ. Prolongue o segmento $\gamma\beta$ para que encontre o segmento $\alpha\zeta$ no ponto

κ. Prolongue ainda o segmento $\gamma\kappa$ até o ponto θ, de tal forma que o segmento $\theta\kappa$ seja igual ao segmento $\kappa\gamma$. Considere a linha reta $\xi\mu$ paralela ao diâmetro da parábola, estando a uma distância arbitrária do segmento $\alpha\zeta$. O ponto o é a intersecção do segmento $\xi\mu$ com a parábola $\alpha\beta\gamma$, enquanto que o ponto ν é a intersecção dos segmentos $\xi\mu$ e $\kappa\gamma$.

Arquimedes mostrou na Proposição 2 de sua obra *Quadratura da Parábola* que o ponto β divide o segmento $\varepsilon\delta$ em duas partes iguais.[3] Logo, pela semelhança de triângulos, pode ser mostrado que os pontos κ e ν são os pontos médios dos segmentos $\alpha\zeta$ e $\xi\mu$, respectivamente.

A partir da geometria da figura 4.3 Arquimedes provou o seguinte resultado em sua obra *O Método*:[4]

$$\frac{\theta\kappa}{\kappa\nu} = \frac{\mu\xi}{o\xi} . \tag{4.2}$$

A parte mais interessante do método de Arquimedes vem agora. Ele considerou os segmentos $\mu\xi$ e ξo como tendo pesos proporcionais a seus comprimentos. Considerou ainda o segmento $\theta\gamma$ como sendo o travessão de uma alavanca, com o ponto κ sendo o fulcro da alavanca, seu ponto médio. Considere um segmento $\tau\eta$ igual ao segmento $o\xi$ e coloque-o com seu centro de gravidade no ponto θ, de tal forma que $\tau\theta = \theta\eta$. O ponto ν é o centro de gravidade do segmento $\mu\xi$, enquanto que o ponto θ é o centro de gravidade do segmento $\tau\eta$. A lei de alavanca, equação (2.1), combinada com a equação (4.2), leva à conclusão de que esta alavanca $\theta\gamma$ permanecerá em equilíbrio ao redor do ponto κ desde que o segmento $\mu\xi$ esteja apoiado no ponto ν, enquanto que o segmento $o\xi$ ou $\tau\eta$ esteja apoiado no ponto θ. Esta situação de equilíbrio está representada na figura 4.4.

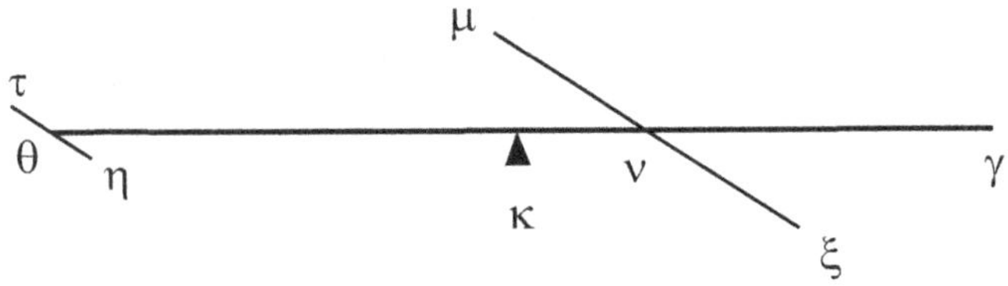

Figura 4.4: Equilíbrio dos segmentos de reta apoiados sobre uma alavanca horizontal que pode girar ao redor do ponto κ.

Esta configuração de equilíbrio é representada matematicamente pela seguinte equação:

$$\frac{\theta\kappa}{\kappa\nu} = \frac{\mu\xi}{\tau\eta} . \tag{4.3}$$

De maneira similar, para todas as outras linhas retas paralelas ao segmento $\delta\varepsilon$ e encontrando o arco da parábola, dois segmentos de reta, (a) e (b), estarão

[3] [Arc02b, pág. 235].
[4] [Arc02a, pág. 16] e [Mag, pág. 47].

em equilíbrio ao serem colocados com seus centros de gravidade apoiados sobre esta alavanca, de tal forma que ela não vai girar ao redor do fulcro κ. Estes segmentos de reta (a) e (b) são os seguintes: (a) a porção intersectada entre $\zeta\gamma$ e $\alpha\gamma$ com seu ponto médio colocado ao longo do segmento $\kappa\gamma$, e (b) um segmento de reta igual à intersecção entre o arco da parábola e o segmento $\alpha\gamma$ colocado sobre a alavanca com seu centro de gravidade apoiado no ponto θ. Os segmentos de reta $o\xi$ desde $\alpha\xi = 0$ até $\alpha\xi = \alpha\gamma$ vão compor o segmento parabólico $\alpha\beta\gamma$, agindo sobre a alavanca apenas no ponto θ. Os segmentos de reta $\mu\xi$ vão compor o triângulo $\alpha\zeta\gamma$ distribuído ao longo do segmento $\kappa\gamma$. Desta forma é obtida uma alavanca em equilíbrio quando apoiada no fulcro κ, tendo o segmento parabólico $\alpha\beta\gamma$ apoiado na alavanca apenas em seu centro de gravidade localizado no ponto θ, enquanto que o triângulo $\alpha\zeta\gamma$ está distribuído ao longo do braço $\kappa\gamma$ da alavanca. Esta configuração de equilíbrio está representada na figura 4.5 com o segmento parabólico dependurado pelo ponto θ através de um fio sem peso, tendo seu centro de gravidade localizado verticalmente abaixo do ponto θ.

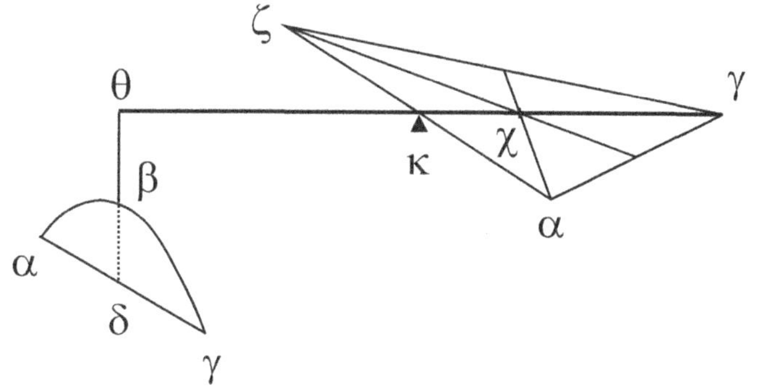

Figura 4.5: Esta alavanca horizontal $\theta\gamma$ permanece em equilíbrio ao redor do fulcro κ quando o segmento parabólico $\alpha\beta\gamma$ está suspenso por um fio sem peso conectado ao ponto θ, com seu centro de gravidade localizado verticalmente abaixo de θ, enquanto que o triângulo $\alpha\zeta\gamma$ está com seu peso distribuído ao longo do braço $\kappa\gamma$ da alavanca. A linha tracejada representa o diâmetro da parábola.

Pelo sexto postulado do trabalho *Sobre o Equilíbrio dos Planos*, citado na Subseção 2.1.3, esta alavanca vai permanecer em equilíbrio ao redor do fulcro κ ao suspender por um fio sem peso o triângulo $\alpha\zeta\gamma$ preso apenas por seu centro de gravidade. Ou seja, em vez de ficar distribuído ao longo do braço da alavanca, ele será suspenso por um único ponto coincidindo com seu centro de gravidade.

A localização do centro de gravidade de um triângulo foi calculada pelo próprio Arquimedes nas Proposições 13 e 14 de seu trabalho *Sobre o Equilíbrio dos Planos*.[5] Este resultado também foi considerado como sendo um lema do

[5] [Arc02b, págs. 198-201], [Dij87, págs. 309-312], [Ass08, págs. 205-208 e 235-238] e [Ass10, págs. 215-217].

trabalho *O Método*, como mencionado na Seção 4.1.

No caso do triângulo da figura 4.5, a linha reta $\kappa\gamma$ conecta o vértice γ com o ponto médio κ do lado oposto $\zeta\alpha$. O centro de gravidade deste triângulo está localizado no ponto χ do segmento $\kappa\gamma$, dividindo este segmento de tal forma que:

$$\frac{\kappa\gamma}{\kappa\chi} = \frac{3}{1} . \tag{4.4}$$

Portanto, a alavanca vai permanecer em equilíbrio na situação da figura 4.6.

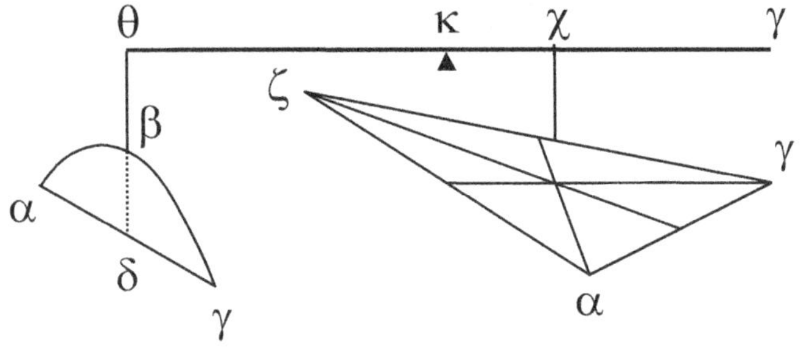

Figura 4.6: A alavanca horizontal vai permanecer em equilíbrio ao redor do fulcro κ tendo o segmento parabólico $\alpha\beta\gamma$ suspenso por um fio sem peso no ponto θ, enquanto que o triângulo $\alpha\zeta\gamma$ fica suspenso por um fio sem peso no ponto χ, escolhido de tal forma que $\kappa\chi = \kappa\gamma/3$.

Utilizando a lei da alavanca, equação (2.1), usando a proporcionalidade entre pesos e áreas, assim como a equação (4.4), obtém-se que o equilíbrio representado pela figura 4.6 pode ser escrito matematicamente da seguinte forma:

$$\frac{\text{segmento parabólico } \alpha\beta\gamma}{\text{área do triângulo } \alpha\zeta\gamma} = \frac{\kappa\chi}{\theta\kappa} = \frac{1}{3} . \tag{4.5}$$

A partir da figura 4.3 é possível mostrar que:

$$\text{área do triângulo } \alpha\zeta\gamma = 4(\text{área do triângulo } \alpha\beta\gamma) . \tag{4.6}$$

As equações (4.5) e (4.6) fornecem então o seguinte resultado:

$$\frac{\text{segmento parabólico } \alpha\beta\gamma}{\text{área do triângulo } \alpha\beta\gamma} = \frac{4}{3} . \tag{4.7}$$

Este é o resultado final obtido por Arquimedes, a saber, a quadratura de uma parábola. O cálculo da área de um segmento parabólico foi obtido combinando resultados geométricos com a lei da alavanca. Ele expressou seu resultado nas seguintes palavras:[6]

> Qualquer segmento de uma parábola é igual a quatro terços do triângulo que tem a mesma base e a mesma altura.

[6] [Arc02a, pág. 14], [Ass08, págs. 24, 34 e 131] e [Ass10, pág. 134].

4.2.1 Importância do Teorema I

Enfatizamos nesta Subseção os aspectos mais relevantes deste teorema:

- Arquimedes mencionou em sua carta para Eratóstenes que este foi o primeiro teorema que ele descobriu por meio da mecânica.[7] Portanto, não foi uma coincidência o fato de ele apresentar este resultado como sendo o primeiro teorema de seu trabalho *O Método*.

- A prova geométrica deste teorema já era conhecida há muito tempo. Esta prova está contida em outro trabalho de Arquimedes, *Quadratura da Parábola*.[8] Esta obra é precedida de uma carta de Arquimedes para Dositeu de Pelúsia, que viveu ao redor do século III a. C., sendo discípulo do astrônomo e matemático Conon de Samos (aproximadamente 280-220 a. C.). Nesta carta Arquimedes afirmou o seguinte:

  > [...] Resolvi comunicar a você [Dositeu], assim como havia intencionado enviar a Conon, um certo teorema geométrico que não havia sido investigado anteriormente, mas que agora foi resolvido por mim, o qual primeiro descobri por meio da mecânica, exibindo-o então por meio da geometria.

  Dois aspectos devem ser enfatizados aqui. O primeiro é que Arquimedes foi o primeiro cientista a obter a quadratura da parábola. Ninguém antes dele havia enunciado este resultado nem apresentado uma demonstração calculando a área de um segmento parabólico. O segundo aspecto é que este resultado foi originalmente obtido por Arquimedes utilizando a mecânica, ou seja, a lei da alavanca como apresentado em sua obra *O Método*. Foi apenas após obter este resultado mecanicamente que ele encontrou uma prova geométrica do teorema, sendo esta prova geométrica apresentada em sua obra *Quadratura da Parábola*. Com a descoberta do palimpsesto de Arquimedes foi finalmente revelado em que consistia este método mecânico. Arquimedes considerou, em particular, uma alavanca em equilíbrio sob a ação da atração gravitacional da Terra, com uma parábola e um triângulo suspensos nos braços desta alavanca em distâncias específicas do fulcro, como indicado na figura 4.6. Sendo conhecido o centro de gravidade do triângulo, como dado pela equação (4.4), o equilíbrio da alavanca fornece a área do segmento parabólico em termos da área do triângulo que possui a mesma base e a mesma altura que a parábola.

- O argumento também pode ser invertido. Em sua obra *Quadratura da Parábola* Arquimdes demonstrou geometricamente que qualquer segmento de uma parábola é igual a quatro terços do triângulo que possui a mesma base e a mesma altura.[9] Uma de suas provas deste resultado é puramente geométrica e não utiliza uma alavanca. Combinando este resultado

[7] [Arc02a, pág. 14], [Ass08, pág. 34] e [Mag, pág. 106].
[8] [Arc02b, Quadrature of the Parabola, págs. 233-252].
[9] [Arc02b, Quadrature of the Parabola, págs. 233-252] e [Ass08, págs. 24, 34 e 131].

com a lei da alavanca dada pela equação (2.1), juntamente com a configuração de equilíbrio representada na figura 4.6, pode-se obter então o centro de gravidade de um triângulo como dado pela equação (4.4). Este argumento invertido sugere um terceiro procedimento para se calcular o centro de gravidade de um triângulo, além dos outros dois procedimentos que Arquimedes apresentou em sua obra *Sobre o Equilíbrio dos Planos.*[10]

- Arquimedes obteve a quadratura da parábola em termos da área do triângulo que possui a mesma base e a mesma altura. Este é um resultado bem importante no qual se obteve a área de uma figura limitada por uma curva, a parábola, em termos da área de um polígono, o triângulo. O próprio Arquimedes havia provado um resultado similar relacionado com o círculo, como foi visto no Capítulo 3.

4.3 Demonstração Física do Teorema II: Volume de uma Esfera

Ilustramos agora o método de Arquimedes utilizado para o cálculo do volume de uma esfera. No segundo teorema de sua obra *O Método* ele provou o seguinte resultado:[11]

> O volume de qualquer esfera é igual a quatro vezes o cone que tem sua base igual ao círculo máximo da esfera e sua altura igual ao raio da esfera, enquanto que o volume do cilindro com base igual a um círculo máximo da esfera e altura igual ao diâmetro é uma vez e meia o volume da esfera.

Para chegar nestes resultados ele considerou a figura 4.7.

Na figura 4.7 seja $\alpha\delta\gamma\beta$ o círculo máximo de uma esfera com centro no ponto κ, sendo os segmentos $\alpha\gamma$ e $\delta\beta$ diâmetros perpendiculares entre si. Trace um círculo tendo o segmento $\delta\beta$ como diâmetro, estando em um plano perpendicular ao segmento $\alpha\gamma$. Descreva um cone $\alpha\delta\beta$ tendo este círculo como base e o ponto α como seu vértice. Prolongue a superfície deste cone e a corte por um plano passando através do ponto γ tal que este plano seja paralelo à base do cone. Esta seção reta do cone passando pelo ponto γ será um círculo tendo o segmento $\zeta\varepsilon$ como seu diâmetro. Desta forma é formado um cone maior, $\alpha\zeta\varepsilon$, tendo novamente o ponto α como seu vértice. Utilizando o círculo $\zeta\varepsilon$ como base, trace o cilindro $\eta\zeta\varepsilon\lambda$, tendo o segmento $\alpha\gamma$ como sua altura e como seu eixo. Trace um círculo tendo o segmento $\omega\chi$ como seu diâmetro, em um plano perpendicular ao segmento $\alpha\gamma$. Utilizando este círculo como base, trace um cilindro menor

[10] [Arc02b, págs. 198-201], [Dij87, págs. 309-312], [Ass08, Seção B.2: Tradução da Obra de Arquimedes, págs. 222-240] e [Ass10, Subseção 10.7.2: Archimedes's Calculation of the CG of a Triangle, págs. 215-217].

[11] [Arc87, pág. 322], [Arc02b, pág. 41 e Suplemento, pág. 18], [Ass08, págs. 19-21] e [Ass10, pág. 24].

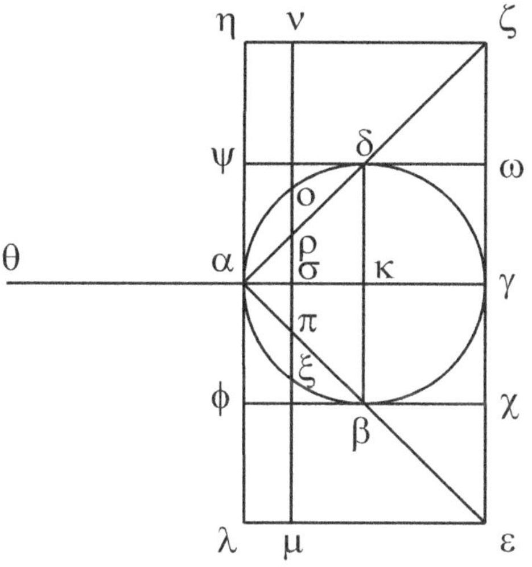

Figura 4.7: Esfera $\alpha\delta\gamma\beta$, cones $\alpha\delta\beta$ e $\alpha\zeta\varepsilon$, juntamente com os cilindros $\eta\zeta\varepsilon\lambda$ e $\psi\omega\chi\phi$ vistos de lado.

$\psi\omega\chi\phi$, tendo o segmento $\alpha\gamma$ como sua altura e como seu eixo. Prolongue o segmento $\gamma\alpha$ até o ponto θ, fazendo o segmento $\theta\alpha$ igual ao segmento $\alpha\gamma$.

A figura 4.8 apresenta, em perspectiva, a figura 4.7. Há cinco corpos tridimensionais, a saber, a esfera $\alpha\delta\gamma\beta$, os cones $\alpha\delta\beta$ e $\alpha\zeta\varepsilon$, assim como os cilindros $\eta\zeta\varepsilon\lambda$ e $\psi\omega\chi\phi$.

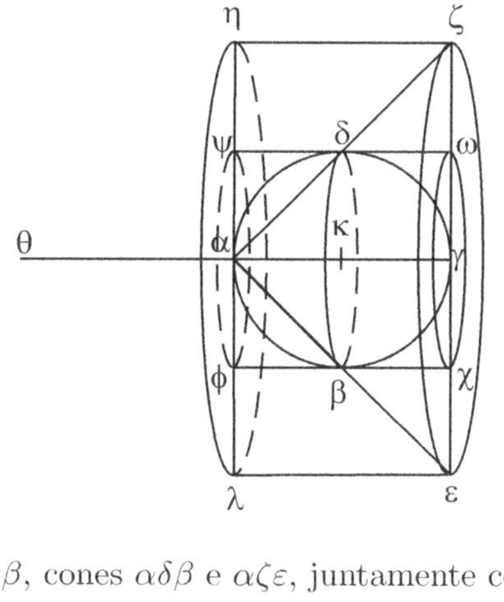

Figura 4.8: Esfera $\alpha\delta\gamma\beta$, cones $\alpha\delta\beta$ e $\alpha\zeta\varepsilon$, juntamente com os cilindros $\eta\zeta\varepsilon\lambda$ e $\psi\omega\chi\phi$ vistos em perspectiva.

Trace qualquer linha reta $\nu\mu$ no plano do círculo $\alpha\delta\gamma\beta$ que seja paralela ao segmento $\delta\beta$, como representado na figura 4.7. Considere que o segmento $\nu\mu$ encontra-se com o círculo nos pontos o e ξ, supondo ainda que ele encontra-se com o diâmetro $\alpha\gamma$ no ponto σ, e que ele se encontra com as linhas retas $\alpha\zeta$ e $\alpha\varepsilon$ nos pontos ρ e π, respectivamente.

Através do segmento $\nu\mu$ trace um plano ortogonal ao segmento $\alpha\gamma$. Este plano vai cortar o cilindro maior $\eta\zeta\varepsilon\lambda$ em um círculo de diâmetro $\nu\mu$, vai cortar a esfera em um círculo de diâmetro $o\xi$, assim como vai cortar o cone maior $\alpha\zeta\varepsilon$ em um círculo de diâmetro $\rho\pi$. Todos estes círculos possuem o mesmo centro no ponto σ, figura 4.9.

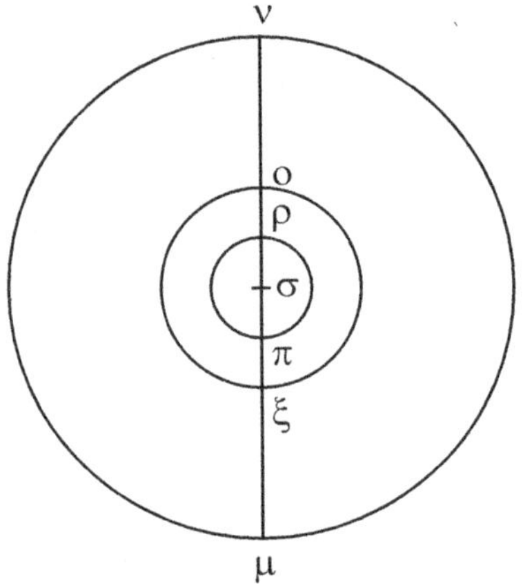

Figura 4.9: O plano através do segmento $\nu\mu$, ortogonal ao segmento $\alpha\gamma$, corta o cilindro maior $\eta\zeta\varepsilon\lambda$ em um círculo de diâmetro $\nu\mu$, corta a esfera em um círculo de diâmetro $o\xi$, assim como corta o cone maior $\alpha\zeta\varepsilon$ em um círculo de diâmetro $\rho\pi$. Todos estes círculos possuem o mesmo centro no ponto σ.

A partir da geometria do figura 4.7 Arquimedes provou o seguinte resultado:[12]

$$\frac{\theta\alpha}{\alpha\sigma} = \frac{\nu\mu \cdot \nu\mu}{o\xi \cdot o\xi + \rho\pi \cdot \rho\pi} . \tag{4.8}$$

Desde a época de Eudoxo e Euclides já era conhecido que:[13]

Os círculos estão entre si como os quadrados sobre os diâmetros.

Portanto, a equação (4.8) pode ser escrita como:

$$\frac{\theta\alpha}{\alpha\sigma} = \frac{\text{círculo com diâmetro } \nu\mu}{(\text{círculo com diâmetro } \xi o) + (\text{círculo com diâmetro } \pi\rho)} . \tag{4.9}$$

Arquimedes considerou então os círculos com diâmetros $\nu\mu$, $o\xi$ e $\rho\pi$ como tendo pesos proporcionais a suas áreas. Considerou então o segmento $\theta\gamma$ como

[12][Arc02a, pág. 19] e [Mag, pág. 52].
[13][Euc56, Proposição 2, Livro XII] e [Euc09, pág. 528].

sendo o travessão de uma alavanca horizontal, com o ponto α sendo seu fulcro, ponto este que divide o segmento $\theta\gamma$ em duas partes iguais. A lei da alavanca dada pela equação (2.1), combinada com a equação (4.9), implica que esta alavanca vai permanecer em equilíbrio caso a seção circular pesada $\nu\mu$ permaneça onde está sobre a alavanca, suspensa apenas por seu centro de gravidade localizado no ponto σ enquanto que, simultaneamente, as seções circulares pesadas $o\xi$ e $\rho\pi$ sejam colocadas na extremidade esquerda da alavanca, com seus centros de gravidade atuando no ponto θ. Esta situação de equilíbrio está representada na figura 4.10.

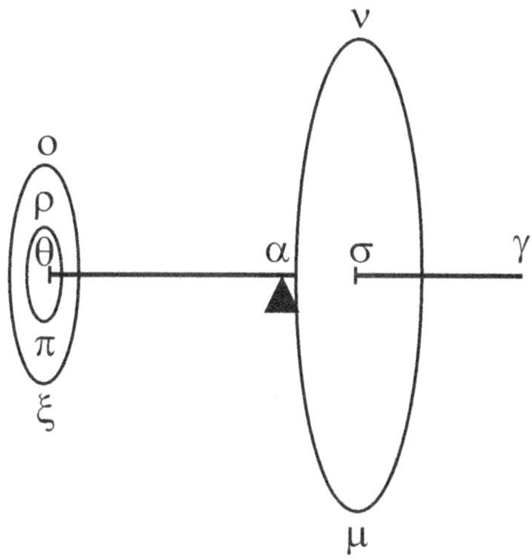

Figura 4.10: A alavanca horizontal $\theta\gamma$ permanece em equilíbrio ao redor do seu fulcro α quando o círculo $\nu\mu$ fica suspenso no ponto σ, enquanto que os círculos $o\xi$ e $\rho\pi$ ficam simultaneamente suspensos no ponto θ.

Portanto, o círculo $\nu\mu$ localizado no cilindro maior $\eta\zeta\varepsilon\lambda$, permanecendo no lugar em que se encontra centrado no ponto σ, fica em equilíbrio na alavanca ao redor do fulcro α quando o círculo $o\xi$ localizado na esfera, juntamente com o círculo $\rho\pi$ localizado no cone maior $\alpha\zeta\varepsilon$, estão ambos dependurados através de seus centros localizados na extremidade θ da alavanca.

A figura 4.11 representa a mesma situação de equilíbrio da figura 4.10, mas agora com os dois círculos à esquerda suspensos por fios sem peso. Nesta configuração a alavanca permanece em equilíbrio, em repouso em relação ao solo, sem girar ao redor de seu fulcro α.

A mesma configuração de equilíbrio ocorre para as três seções circulares correspondentes que são obtidas por um plano perpendicular ao segmento $\alpha\gamma$ e passando através de qualquer outra linha reta no paralelogramo $\eta\varepsilon$ da figura 4.7 que seja paralela ao segmento $\zeta\varepsilon$.

Ao considerar da mesma forma com todos os conjuntos de três círculos que são obtidos por planos perpendiculares ao segmento $\alpha\gamma$ cortando o cilindro maior $\eta\zeta\varepsilon\lambda$, cortando a esfera, assim como cortando o cone maior $\alpha\zeta\varepsilon$, e que compõem

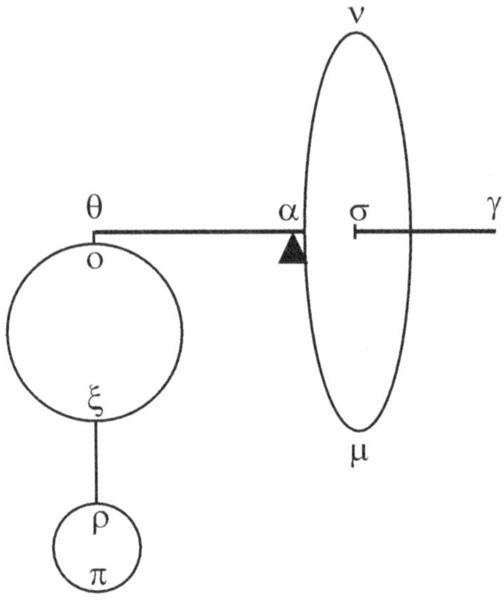

Figura 4.11: A alavanca horizontal $\theta\gamma$ permanece em equilíbrio ao redor do fulcro α quando o círculo $\nu\mu$ fica suspenso pelo ponto σ, enquanto que os círculos $o\xi$ e $\rho\pi$ ficam suspensos por fios sem peso dependurados no ponto θ.

estes três sólidos, respectivamente, segue-se que o cilindro maior, assim apoiado de forma distribuída sobre a alavanca, permanecerá em equilíbrio ao redor do fulcro α, juntamente com a esfera e com o cone maior, quando a esfera e o cone maior estão apoiados sobre a alavanca apenas através de seus centros de gravidade localizados no ponto θ. Esta configuração está representada na figura 4.12 com a esfera e o cone maior suspensos pelo ponto θ através de fios sem peso.

Um dos lemas de sua obra *O Método*, citado na Seção 4.1, afirma que o ponto κ, que divido o segmento $\alpha\gamma$ em duas partes iguais, é o centro de gravidade do cilindro. Portanto, pelo sexto postulado do trabalho *Sobre o Equilíbrio dos Planos*, citado na Subseção 2.1.3, o cilindro também pode ser suspenso apenas pelo ponto κ através de um fio sem peso que não vai perturbar o equilíbrio da alavanca. Esta nova configuração de equilíbrio está representada na figura 4.13.

Pela lei da alavanca dada pela equação (2.1), juntamente com a proporcionalidade entre volumes e pesos, o equilíbrio da alavanca representado na figura 4.13 pode ser representado matematicamente da seguinte maneira:

$$\frac{\text{cilindro maior}_{\eta\zeta\varepsilon\lambda}}{\text{esfera}_{\alpha\delta\gamma\beta}+\text{cone maior}_{\alpha\zeta\varepsilon}}=\frac{\theta\alpha}{\alpha\kappa}=\frac{2}{1}\,. \tag{4.10}$$

A Proposição 10 do livro XII da obra *Os Elementos* de Euclides provou o seguinte resultado:[14]

[14] [Euc56] e [Euc09, pág. 543].

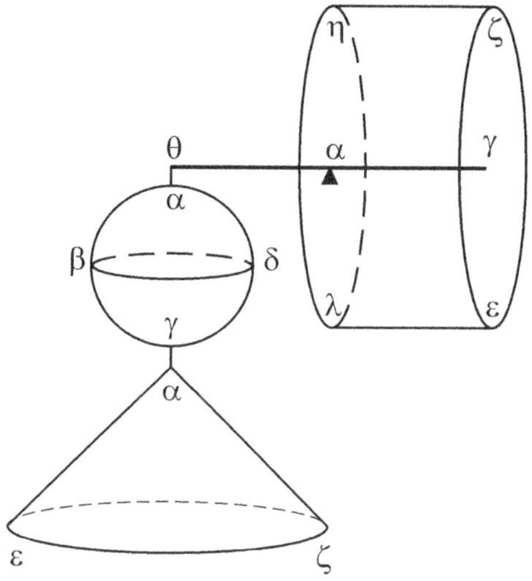

Figura 4.12: Esta alavanca horizontal $\theta\gamma$ permanece em equilíbrio ao redor do fulcro α com a esfera $\alpha\delta\gamma\beta$ e o cone maior $\alpha\zeta\varepsilon$ suspensos pelo ponto θ através de fios sem peso, enquanto que o eixo do cilindro maior $\eta\zeta\varepsilon\lambda$ está apoiado de forma distribuída pelo braço $\alpha\gamma$ da alavanca.

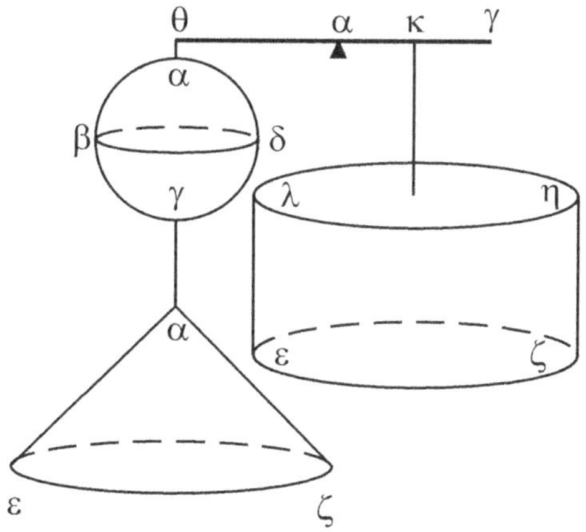

Figura 4.13: A alavanca da figura 4.12 vai permanecer em equilíbrio ao redor do ponto α com a esfera e o cone maior suspensos por fios sem peso através do ponto θ, enquanto que o cilindro maior é suspenso por um fio sem peso apenas pelo ponto κ da alavanca, ponto este que divide o segmento $\alpha\gamma$ em duas partes iguais.

Todo cone é uma terça parte do cilindro que tem a mesma base que ele e algura igual.

No caso da figura 4.13 temos então que o volume do cone $\alpha\zeta\varepsilon$ é uma terça parte do volume do cilindro maior $\eta\zeta\varepsilon\lambda$:

$$\text{cone maior}_{\alpha\zeta\varepsilon} = \frac{1}{3}(\text{cilindro maior}_{\eta\zeta\varepsilon\lambda}) . \tag{4.11}$$

As equações (4.10) e (4.11) fornecem então o seguinte resultado:

$$2(\text{esfera}_{\alpha\delta\gamma\beta}) = \text{cone maior}_{\alpha\zeta\varepsilon} . \tag{4.12}$$

Como o cone maior $\alpha\zeta\varepsilon$ tem duas vezes a altura do cone menor $\alpha\delta\beta$ e sua base tem duas vezes o diâmetro do cone menor $\alpha\delta\beta$, obtemos:

$$\text{cone maior}_{\alpha\zeta\varepsilon} = 8(\text{cone menor}_{\alpha\beta\delta}) . \tag{4.13}$$

As equações (4.12) e (4.13) fornecem então a primeira parte deste teorema, a saber:

$$\text{esfera}_{\alpha\delta\gamma\beta} = 4(\text{cone menor}_{\alpha\beta\delta}) . \tag{4.14}$$

Arquimedes expressou este resultado como segue:[15]

> O volume de qualquer esfera é igual a quatro vezes o cone que tem sua base igual ao círculo máximo da esfera e sua altura igual ao raio da esfera.

Arquimedes continuou seu trabalho para provar a segunda parte do teorema. A partir da figura 4.8 obtém-se o seguinte resultado:

$$\text{cone menor}_{\alpha\beta\delta} = \frac{1}{3}(\text{cilindro menor}_{\psi\delta\beta\phi}) = \frac{1}{6}(\text{cilindro menor}_{\psi\omega\chi\phi}) . \tag{4.15}$$

As equações (4.14) e (4.15) fornecem então a segunda parte deste teorema, expressa matematicamente da seguinte forma:

$$\text{cilindro menor}_{\psi\omega\chi\phi} = \frac{3}{2}(\text{esfera}_{\alpha\delta\gamma\beta}) . \tag{4.16}$$

Este procedimento completa a prova mecânica deste teorema.

4.3.1 Importância do Teorema II

Pontos importantes relacionados com este teorema:

- A principal relevância deste teorema é que pela primeira vez na história foi obtido o volume de uma esfera, como visto no Capítulo 3. Seja V_E o volume de uma esfera de raio r. Este volume é representado hoje em dia pela seguinte fórmula:

[15] [Dij87, pág. 322] e [Ass08, págs. 19-21].

$$V_E = \frac{4}{3}\pi r^3 \ . \tag{4.17}$$

- O conteúdo deste teorema já era conhecido por outro trabalho de Arquimedes, *Sobre a Esfera e o Cilindro*, sendo que este trabalho continha somente uma prova geométrica.[16] Foi apenas com a descoberta de sua obra *O Método* que foi revelado como Arquimedes havia provado originalmente este resultado. Ele utilizou essencialmente uma proporção relacionando a razão de duas distâncias com uma outra razão entre duas áreas, relacionou esta proporção como sendo uma alavanca em equilíbrio, aplicando então seu método de teoremas mecânicos. Concluiu então que a alavanca da figura 4.13 permanece em equilíbrio ao redor de seu fulcro α quando a seguinte relação é satisfeita: $\alpha\kappa = \theta\alpha/2$. Desde Demócrito já era conhecido que o volume de um cone é a terça parte do volume de um cilindro com a mesma base e igual altura. Este resultado foi provado de maneira rigorosa pela primeira vez por Eudoxo, estando incluído na obra *Os Elementos* de Euclides.[17] Ao combinar este resultado com a lei da alavanca, juntamente com a configuração de equilíbrio representada pela figura 4.13, Arquimedes conseguiu então relacionar o volume da esfera com o volume do cone. De forma análoga conseguiu relacionar o volume da esfera com o volume do cilindro que a circunscreve.

  Após obter o volume da esfera por meio da mecânica, ele conseguiu então obter uma prova geométrica deste teorema que não dependia do uso da alavanca.

- Hoje em dia poucos estudantes sabem que a área de uma esfera também foi obtida pela primeira vez por Arquimedes. A fórmula moderna representando esta área A_E é dada por:

$$A_E = 4\pi r^2 \ . \tag{4.18}$$

No Capítulo 3 foi mostrado como Arquimedes expressou este resultado, a saber:

> A superfície de qualquer esfera é quatro vezes seu círculo máximo.

Em sua obra *Sobre a Esfera e o Cilindro* este resultado aparece como sendo o Teorema 33, enquanto que o volume da esfera aparece como sendo o Teorema 34. Por este motivo os comentadores da obra de Arquimedes pensaram que inicialmente ele havia obtido a área da esfera, para só depois obter seu volume. Foi apenas com a descoberta de sua obra *O Método* que esta falsa impressão foi corrigida. Sabemos hoje em dia que ele obteve em primeiro lugar o volume da

---

[16] [Arc02b, Proposição 34, págs. 41-44], [Ass08, págs. 19-21] e [Ass10, págs. 24 e 29].

[17] [Euc56], [Arc02a, pág. 13], [Euc09, Proposição 10, Livro XII, pág. 543] e [Mag, págs. 54 e 62].

esfera utilizando a lei da alavanca. Após obter este resultado inicial, concluiu que a área da esfera é quatro vezes a área de seu círculo máximo.

A parte relevante de sua obra *O Método* que contém esta informação afirma o seguinte:[18]

> A partir deste teorema, com o resultado de que [o volume de] uma esfera é quatro vezes tão grande quanto [o volume] do cone tendo como base um círculo máximo da esfera e com uma altura igual ao raio da esfera, concebi a noção de que a superfície de qualquer esfera é quatro vezes tão grande quanto um círculo máximo da esfera; pois, julgando a partir do fato de que [a área de] qualquer círculo é igual a um triângulo com base igual à circunferência e altura igual ao raio do círculo, compreendi que, da mesma maneira, [o volume de] qualquer esfera é igual a um cone com base igual à superfície da esfera e altura igual ao raio.

O procedimento adotado por Arquimedes para obter a área da esfera pode ser ilustrado pela figura 4.14. Na letra (a) é mostrado um círculo com triângulos inscritos. Na letra (b) é mostrada uma esfera com pirâmides inscritas tendo seus vértices no centro da esfera. Para simplificar o diagrama só são mostradas três pirâmides, mas o leitor deve imaginar que a esfera é totalmente preenchida por muitas pirâmides que possuem seus vértices no centro da esfera.

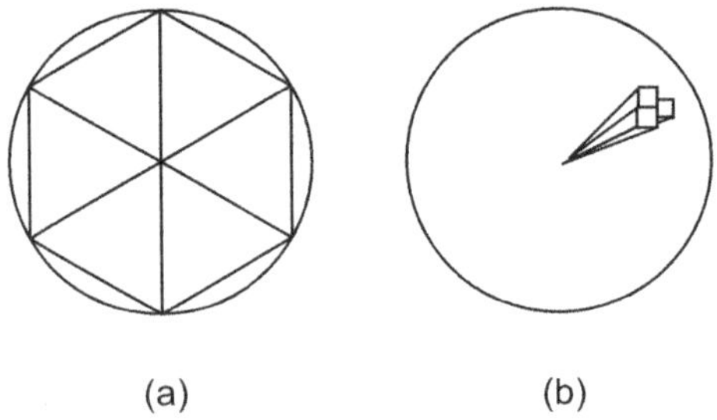

Figura 4.14: (a) Um círculo com triângulos inscritos. (b) Uma esfera com pirâmides inscritas tendo seus vértices no centro da esfera.

Quando as bases dos triângulos inscritos no círculo da figura 4.14 (a) são diminuídas, enquanto o número de triângulos é aumentado, a área da soma de todos os triângulos vai se aproximando da área do círculo. No limite em que existe uma infinidade de triângulos, a área do círculo será igual à soma da área de todos os infinitos triângulos. Esta área é então igual à área de um único triângulo com base igual ao comprimento do círculo e altura igual ao raio do círculo, como representado na figura 3.3.

De maneira análoga, quando as bases das pirâmides inscritas na esfera da figura 4.14 (b) são diminuídas, enquanto o número de pirâmides é aumentado, o volume da soma de todas as pirâmides vai se aproximando do volume da esfera.

[18] [Arc02a, págs. 20-21], [Ass08, págs. 20-21], [Ass10, pág. 25] e [Mag, págs. 58 e 112].

No limite em que existe uma infinidade de pirâmides, o volume da esfera será igual à soma do volume de todas as infinitas pirâmides. Este volume é então igual ao volume de um único cone com base igual à área da esfera e altura igual ao raio da esfera, como representado na figura 4.15.

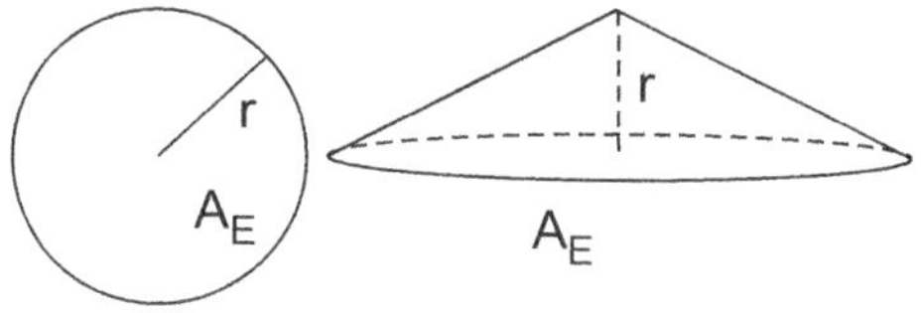

Figura 4.15: O volume da esfera de raio r e área A_E é igual ao volume do cone com base A_E e altura r.

No segundo teorema de *O Método* Arquimedes obteve que o volume de qualquer esfera é quatro vezes o volume do cone com base igual ao círculo máximo da esfera e altura igual ao seu raio. Esta relação está representada na figura 3.4 e na equação (4.19), a saber:

$$V_E = 4V_{Cone} \ . \tag{4.19}$$

O resultado representado pela figura 4.15 pode ser expresso matematicamente da seguinte maneira:

$$V_E = V_{Cone\ maior} \ . \tag{4.20}$$

Nesta equação o cone maior é um cone com altura igual ao raio r da esfera e base igual à área A_E da esfera. As equações (4.19) e (4.20) fornecem o seguinte resultado:

$$V_{Cone\ maior} = 4V_{Cone} \ . \tag{4.21}$$

Os dois cones das equações (4.20) e (4.21) possuem a mesma altura r dada pelo raio da esfera. A área da base do cone maior é a área A_E da esfera, enquanto que a base do cone menor é o círculo máximo da esfera, como dado pela equação (3.8). Estes fatos indicam que a equação (4.21) pode ser escrita da seguinte forma:

$$A_E = 4A_{\text{Círculo máximo}} = 4\left(\pi r^2\right) \ . \tag{4.22}$$

Ou seja, a superfície de qualquer esfera é quatro vezes seu círculo máximo, como expresso por Arquimedes.

- O teorema relacionando o volume da esfera com o volume do cilindro que a circunscreve foi considerado por Arquimedes como sendo sua maior descoberta. Esta conclusão é obtida a partir do fato de que solicitou a seus familiares que fosse colocado em seu túmulo uma representação de um cilindro circunscrevendo uma esfera dentro dele, juntamente com uma inscrição fornecendo a razão que o volume do cilindro tem em relação ao volume da esfera.

Cícero (106-43 a.C.), o orador romano, quando foi magistrado encarregado da gestão dos bens públicos (questor) na Sicília, chegou a ver este túmulo em 75 a. C. Encontrou-o abandonado e mandou restaurá-lo. Desde então o túmulo de Arquimedes não foi mais visto, tendo sido provavelmente destruído ao longo dos séculos. Cícero mencionou o seguinte em uma de suas obras, como citado por Rorres:[19]

> Mas da própria cidade Siracusa de Dionísio vou levantar da poeira — onde seu bastão traçava suas linhas — um homem obscuro que viveu muitos anos mais tarde, Arquimedes. Quando fui questor na Sicília consegui descobrir seu túmulo. Os habitantes de Siracusa não sabiam nada sobre ele e chegavam mesmo a afirmar que não existia. Mas lá estava ele, completamente cercado e escondido por galhos de arbustos e espinheiros. Me lembrei de ter ouvido algumas linhas de verso que haviam sido inscritos em seu túmulo, referindo-se a uma esfera e um cilindro modelados em pedra no topo da sepultura. E assim dei uma boa olhada ao redor dos numerosos túmulos que estavam ao lado do Portão de Agrigentino. Finalmente percebi uma pequena coluna pouco visível sobre os arbustos. Em cima dela havia uma esfera e um cilindro. Disse imediatamente aos principais habitantes de Siracusa que estavam comigo na ocasião, que acreditava que este era o túmulo que estava procurando. Foram enviados homens com foices para limpar o local e quando foi aberto um caminho até o monumento fomos até ele. E os versos ainda estavam visíveis, embora aproximadamente a segunda metade de cada linha estivesse gasta.

4.4 Demonstração Física do Teorema V: Centro de Gravidade de um Paraboloide de Revolução

Este quinto Teorema afirma o seguinte:[20]

> O centro de gravidade de um segmento de um paraboloide de revolução cortado por um plano perpendicular ao eixo está sobre a linha reta que é o eixo do segmento, e divide esta linha reta de tal maneira que a parte adjacente ao vértice é o dobro da parte restante.

A figura 4.16 apresenta os principais elementos que são necessários para provar este teorema.

---

[19] [Ror] e [Ass08, pág. 21].

[20] [Arc02a, pág. 25], [Ass08, pág. 131], [Ass10, pág. 135] e [Mag, págs. 67 e 70].

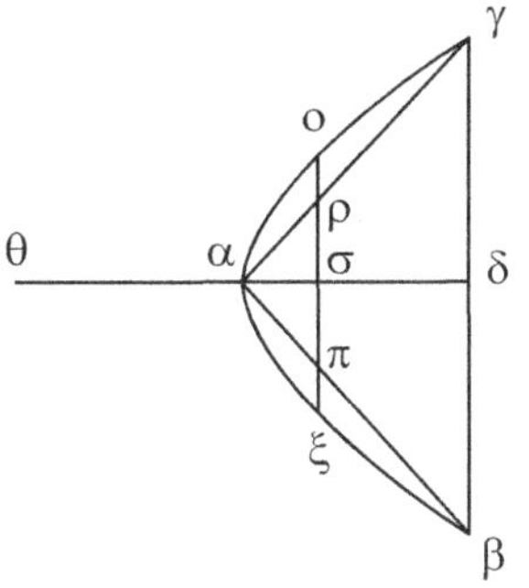

Figura 4.16: Construção geométrica do Teorema V com a parábola $\alpha\gamma\beta$.

Seja um paraboloide de revolução cortado por um plano através do eixo $\alpha\delta$ na parábola $\alpha\gamma\beta$, figura 4.16. Seja o paraboloide de revolução cortado por um outro plano ortogonal ao eixo $\alpha\delta$, intersectando o plano anterior no segmento $\gamma\beta$. Prolongue o eixo do segmento $\delta\alpha$ até o ponto θ, de tal forma que:

$$\theta\alpha = \alpha\delta \ . \tag{4.23}$$

A base do segmento de paraboloide é o círculo tendo a reta $\gamma\beta$ como um diâmetro. O cone $\alpha\gamma\beta$ tem este círculo como sua base e o ponto α como seu vértice, de tal forma que os segmentos $\alpha\gamma$ e $\alpha\beta$ são as geratrizes do cone. Trace na parábola uma ordenada qualquer $o\xi$ encontrando os segmentos $\alpha\beta$, $\alpha\delta$ e $\alpha\gamma$ nos pontos π, σ e ρ, respectivamente. Se agora for traçado um plano através do segmento $o\xi$, ortogonal ao segmento $\alpha\delta$, então este novo plano vai cortar o paraboloide em um círculo com diâmetro $o\xi$, cortando ainda o cone em um círculo com diâmetro $\rho\pi$.

A figura 4.17 representa, em perspectiva, a figura 4.16.

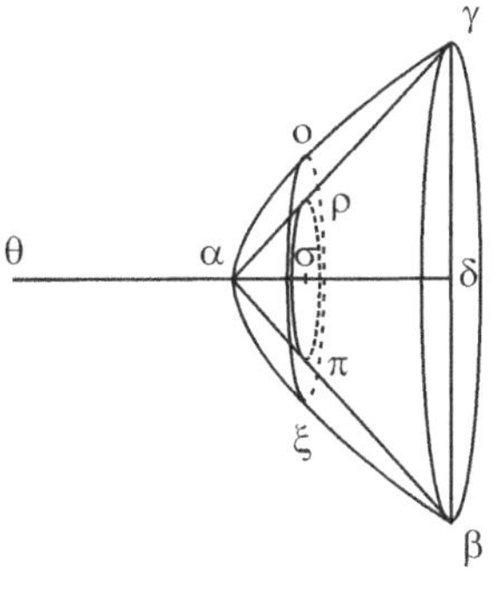

Figura 4.17: Figura 4.16 em perspectiva.

A partir da geometria da figura 4.16 Arquimedes provou que:[21]

[21][Arc02a, págs. 26-27] e [Mag, pág. 67].

$$\frac{\theta\alpha}{\alpha\sigma} = \frac{\sigma\xi \cdot \sigma\xi}{\sigma\pi \cdot \sigma\pi} . \tag{4.24}$$

Mas as áreas de dois círculos estão entre si como os quadrados de seus diâmetros. Esta proporcionalidade significa que a equação (4.24) pode ser escrita como:

$$\frac{\theta\alpha}{\alpha\sigma} = \frac{\text{círculo com diâmetro o}\xi}{\text{círculo com diâmetro }\rho\pi} . \tag{4.25}$$

A equação (4.25) é a relação matemática básica utilizada por Arquimedes, juntamente com a lei da alavanca, para provar este Teorema.

Imagine que o segmento $\theta\delta$ representa o travessão de uma alavanca com seu fulcro no ponto médio α. Suponha que as figuras geométricas possuem pesos distribuídos uniformemente nos círculos, isto é, proporcionais às suas áreas. As equações (2.1) e (4.25) podem então ser interpretadas como representando uma alavanca em equilíbrio ao redor do fulcro α. Portanto, o círculo $o\xi$ do paraboloide, suspenso pelo ponto σ onde ele se encontra, permanece em equilíbrio ao redor do ponto α com o círculo $\rho\pi$ do cone colocado com seu centro de gravidade apoiado no ponto θ. Esta configuração de equilíbrio está representada na figura 4.18.

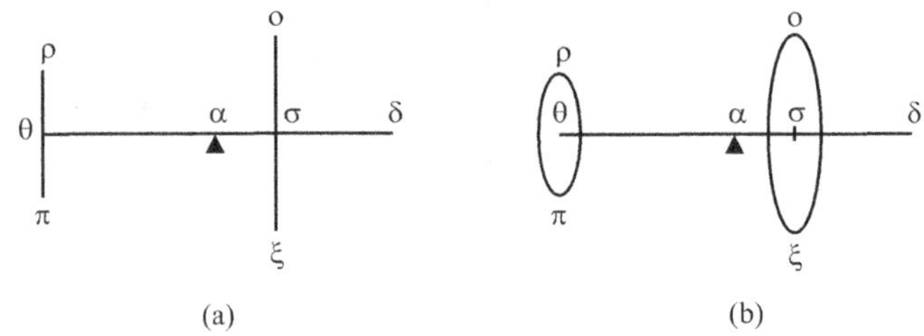

Figura 4.18: Círculos em equilíbrio sobre a alavanca. (a) Vistos de lado. (b) Vistos em perspectiva.

Um raciocínio similar pode ser utilizado para duas seções circulares correspondentes obtidas por um plano perpendicular ao segmento $\alpha\delta$ e passando através de qualquer outra ordenada da parábola. Portanto, quando são consideradas da mesma forma todas as seções circulares que formam todo o segmento do paraboloide e que formam todo o cone, obtemos que o segmento de paraboloide, assim apoiado de forma distribuída sobre o braço da alavanca, vai deixar a alavanca em equilíbrio ao redor do ponto α quando todo o cone está apoiado apenas pelo ponto θ. Esta configuração de equilíbrio está apresentada na figura 4.19.

A figura 4.20 apresenta esta mesma configuração de equilíbrio com o cone suspenso pela extremidade θ da alavanca através de um fio sem peso, com seu centro de gravidade localizado verticalmente abaixo do ponto θ.

Considerações de simetria indicam que o centro de gravidade do paraboloide tem de estar localizado ao longo de seu eixo de simetria $\alpha\delta$. Seja κ este centro

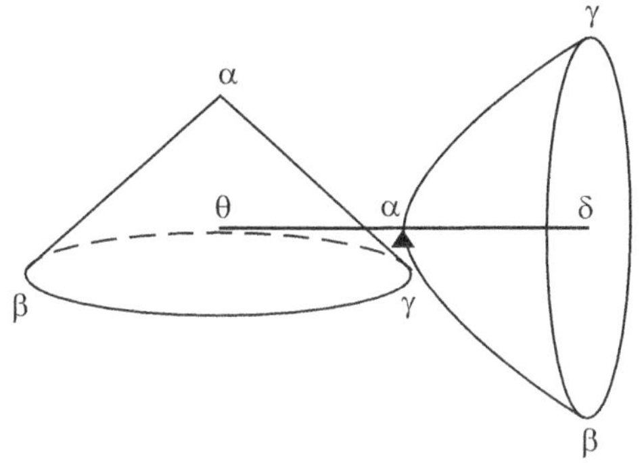

Figura 4.19: Equilíbrio da alavanca ao redor do ponto α com o segmento de paraboloide distribuído sobre o braço $\alpha\delta$, enquanto que o cone atua na alavanca apenas por seu centro de gravidade apoiado no ponto θ.

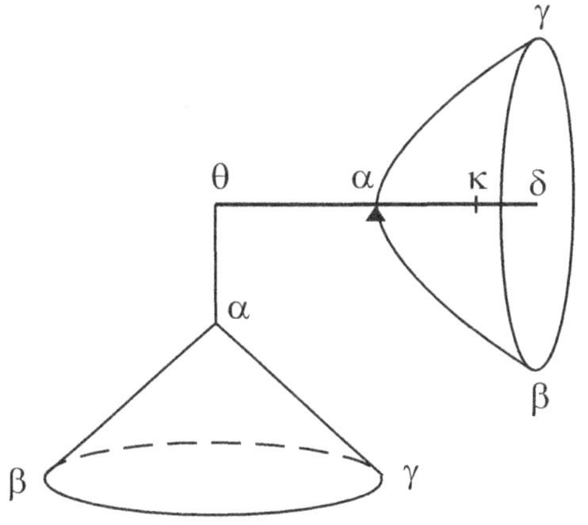

Figura 4.20: Equilíbrio da alavanca com o segmento de paraboloide distribuído sobre o braço $\alpha\delta$, enquanto que o cone está suspenso pelo ponto θ.

de gravidade do paraboloide, figura 4.20. O objetivo de Arquimedes era encontrar a razão entre os segmentos $\alpha\kappa$ e $\alpha\delta$. A partir do sexto postulado de seu trabalho *Sobre o Equilíbrio dos Planos*, citado na Subseção 2.1.3, o equilíbrio da figura 4.20 não é perturbado quando o paraboloide atua na alavanca apenas pelo ponto κ. Esta configuração está representada na figura 4.21 com o paraboloide suspenso por um fio sem peso dependurado no ponto κ, com seu centro de gravidade localizado verticalmente abaixo de κ.

O equilíbrio representado pela figura 4.21 pode ser expresso matematicamente da seguinte maneira:

$$\frac{\alpha\kappa}{\alpha\theta} = \frac{\text{cone}}{\text{segmento de paraboloide}} . \tag{4.26}$$

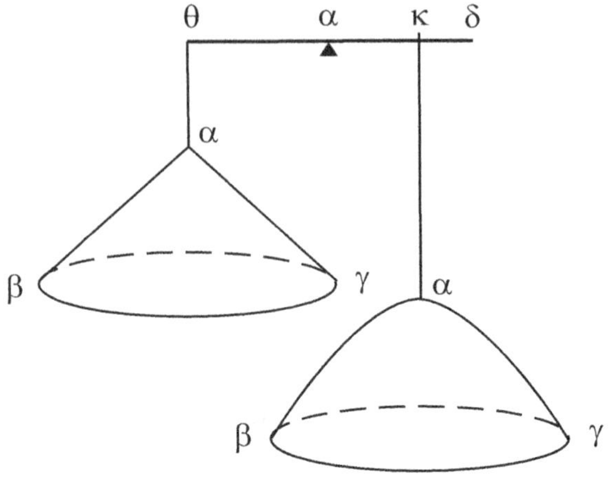

Figura 4.21: Alavanca em equilíbrio ao redor do fulcro α com o cone atuando no ponto θ, enquanto que o paraboloide atua no ponto κ.

No quarto teorema de sua obra *O Método* Arquimedes provou que:[22]

> O volume de qualquer segmento de um paraboloide de revolução cortado por um plano ortogonal ao eixo tem uma vez e meia o volume do cone que tem a mesma base e o mesmo eixo do segmento.

Este teorema pode ser expresso matematicamente da seguinte forma:

$$\text{segmento de paraboloide} = \frac{3}{2}(\text{cone}) \ . \tag{4.27}$$

As equações (4.26) e (4.27) levam ao seguinte resultado:

$$\alpha\kappa = \frac{2}{3}(\alpha\theta) = \frac{2}{3}(\alpha\delta) \ . \tag{4.28}$$

Por outro lado, temos que:

$$\alpha\kappa + \kappa\delta = \alpha\delta \ . \tag{4.29}$$

Portanto, combinando as equações (4.28) e (4.29), concluímos que o centro de gravidade do segmento de paraboloide de revolução está localizado ao longo de seu eixo de simetria $\alpha\delta$ em um ponto κ tal que a porção do eixo adjacente ao vértice tem o dobro do comprimento da seção remanescente, ou seja:

$$\alpha\kappa = 2(\kappa\delta) \ . \tag{4.30}$$

Este resultado é a representação matemática do Teorema V da obra *O Método*, expressa nas seguintes palavras por Arquimedes:[23]

---

[22] [Arc02a, pág. 24] e [Mag, pág. 69].

[23] [Arc02a, pág. 25], [Ass08, pág. 131], [Ass10, pág. 135] e [Mag, págs. 67 e 70].

O centro de gravidade de um segmento de um paraboloide de revolução cortado por um plano perpendicular ao eixo está sobre a linha reta que é o eixo do segmento, e divide esta linha reta de tal maneira que a parte adjacente ao vértice é o dobro da parte restante.

4.4.1 Importância do Teorema V

Aspectos importantes a enfatizar neste Teorema V:

- No Teorema I Arquimedes havia obtido a área desconhecida da parábola utilizando três grandezas conhecidas, a saber: a área do triângulo, a localização do centro de gravidade do triângulo, assim como uma alavanca em equilíbrio com estas duas áreas suspensas por seus centros de gravidade, como representado na figura 4.6. No Teorema II Arquimedes obteve o volume desconhecido da esfera utilizando o mesmo procedimento, como ilustrado na figura 4.13. Ele conhecia os volumes do cilindro e do cone, conhecia a lei da alavanca, assim como a razão entre as distâncias $\alpha\kappa$ e $\theta\alpha$. Foi então capaz de obter o volume da esfera em termos do volume do cone e do volume do cilindro circunscrito à esfera. Neste Teorema V ele obteve pela primeira vez a localização do centro de gravidade de um corpo utilizando este método mecânico. A configuração de equilíbrio que ele obteve para a alavanca está representada na figura 4.21. Neste caso ele conhecia a razão do volume do cone para o volume do paraboloide, mas não conhecia a razão entre os segmentos $\alpha\kappa$ e $\theta\alpha$. Utilizou então a lei da alavanca para obter esta razão desconhecida, encontrando assim o centro de gravidade do paraboloide de revolução.

- Em seu trabalho *Sobre os Corpos Flutuantes* Arquimedes já havia apresentado a localização precisa do centro de gravidade de um paraboloide de revolução.[24] Neste trabalho ele investigou as diferentes posições de equilíbrio nas quais um paraboloide de revolução pode flutuar em um fluido. Mas a prova de como chegar na localização do centro de gravidade do paraboloide de revolução não estava contida na sua obra *Sobre os Corpos Flutuantes* nem em nenhum outro de seus trabalhos conhecidos. Foi apenas com a descoberta da obra *O Método* que se tornou conhecido o procedimento utilizado por Arquimedes para calcular a localização deste centro de gravidade.

- Recentemente utilizamos o método de Arquimedes para calcular o centro de gravidade do cone.[25] O próprio Arquimedes mencionou em sua obra *O Método* onde estava localizado este centro de gravidade,[26] mas sua demonstração deste fato não se encontra em nenhuma de suas obras conhecidas hoje em dia.

---

[24] [Arc02b, pág. 265], [Dij87, págs. 380 e 384], [Ass96], [Ass08, págs. 26-28 e 131] e [Ass10, págs. 30-32 e 135].

[25] [MA12].

[26] [Mag, pág. 107].

É fascinante perceber como Arquimedes utilizou a lei da alavanca para calcular a localização do centro de gravidade de um corpo.

Capítulo 5

Conclusão

A partir do que foi visto neste livro, a essência do método de Arquimedes pode ser resumida da seguinte maneira:

1. Utilizando considerações geométricas, é obtida uma proporção apresentando a igualdade entre duas razões. Uma razão ocorre entre duas distâncias. A outra razão pode ser entre dois comprimentos pertencendo a certas figuras, como na equação (4.2). Esta segunda razão também pode ser entre as áreas de certas figuras, como ocorreu nas equações (4.8) e (4.24).

2. Estas figuras geométricas são consideradas como tendo pesos distribuídos uniformemente sobre elas. Em particular, supõe-se que o peso de cada figura linear é proporcional a seu comprimento, o peso de cada figura plana é proporcional a sua área, enquanto que o peso de cada figura tridimensional é proporcional a seu volume.

3. Supõe-se então que estas figuras estão suspensas sobre uma alavanca em equilíbrio, satisfazendo à equação (2.1). As configurações de equilíbrios analisadas neste livro foram representadas pelas figuras 4.4, 4.10 e 4.18.

4. Cada figura plana é considerada como sendo composta pela infinidade de segmentos retos contidos nela e que são paralelos entre si. Da mesma maneira, cada figura tridimensional é considerada como sendo composta pela infinidade de todos os planos contidos nela, paralelos entre si e ortogonais a um certo eixo.

5. Obtém-se então uma alavanca em equilíbrio com um ou mais corpos suspensos por seus centros de gravidade sobre um dos braços da alavanca, enquanto que um outro corpo tem seu peso distribuído ao longo do outro braço da alavanca. Estas configurações de equilíbrio foram representadas pelas figuras 4.5, 4.12 e 4.20.

6. Utiliza-se então o sexto postulado extremamente importante apresentado na obra *Sobre o Equilíbrio dos Planos* de Arquimedes, citado na Subseção 2.1.3. Este postulado permite que se substitua o corpo que possui seu peso distribuído ao longo de um dos braços da alavanca em equilíbrio por um outro corpo igual a este, de mesmo peso, que está suspenso na alavanca por apenas um ponto, a saber, por seu centro de gravidade. O sexto postulado garante que a alavanca vai continuar em equilíbrio com esta substituição. Estas novas configurações de equilíbrio foram representadas pelas figuras 4.6, 4.13 e 4.21.

7. A utilização da lei da alavanca dada pela equação (2.1) fornece então a grandeza desconhecida de uma figura dependurada na alavanca em equilíbrio, quando são conhecidas as grandezas das outras figuras que estão suspensas pela alavanca. Esta grandeza desconhecida pode ser a área da figura, seu volume ou então seu centro de gravidade.

Referências Bibliográficas

[AM12] A. K. T. Assis and C. P. Magnaghi. *The Illustrated Method of Archimedes: Utilizing the Law of the Lever to Calculate Areas, Volumes and Centers of Gravity.* Apeiron, Montreal, 2012. ISBN: 9780986492679.

[Arc09] Archimedes. *Geometrical Solutions Derived from Mechanics.* Open Court, Chicago, 1909. Traduzido do grego para o alemão por J. L. Heiberg, versão em inglês a partir da tradução em alemão por L. G. Robinson. Introdução de D. E. Smith.

[Arc87] Archimedes. The Method of Mechanical Theorems. In E. J. Dijksterhuis, editor, *Archimedes*, chapter X, pages 313–345. Princeton University Press, Princeton, 1987. Traduzido por C. Dikshoorn.

[Arc02a] Archimedes. The Method of Archimedes. In T. L. Heath, editor, *The Works of Archimedes*, pages 1–51 (Supplement). Dover, New York, 2002. Traduzido por T. L. Heath.

[Arc02b] Archimedes. *The Works of Archimedes.* Dover, New York, 2002. Traduzido e editado em notação moderna por T. L. Heath.

[Arq] Arquimedes, "Sobre o Equilíbrio das Figuras Planas." In: A. K. T. Assis, *Arquimedes, o Centro de Gravidade e a Lei da Alavanca* (Apeiron, Montreal, 2008), págs. 222-240. ISBN: 9780973291179. Tradução de A. K. T. Assis da obra de Arquimedes. Disponível em: <www.ifi.unicamp.br/~assis>.

[Arq04] Arquimedes. Sobre o equilíbrio dos planos (segunda parte). *Revista da Sociedade Brasileira de História da Ciência*, 2:146–157, 2004. Introdução e tradução de A. K. T. Assis e N. B. F. Campos.

[Arq12] Arquimedes. Sobre os corpos flutuantes (segunda parte). *Revista Brasileira de História da Ciência*, 5:369–397, 2012. Tradução de A. K. T. Assis e N. B. F. Campos.

[Ass96] A. K. T. Assis. Sobre os corpos flutuantes — tradução comentada de um texto de Arquimedes. *Revista da Sociedade Brasileira de História da Ciência*, 16:69–80, 1996.

[Ass97] A. K. T. Assis. Sobre o equilíbrio dos planos — tradução comentada de um texto de Arquimedes. *Revista da Sociedade Brasileira de História da Ciência*, 18:81–94, 1997.

[Ass08] A. K. T. Assis. *Arquimedes, o Centro de Gravidade e a Lei da Alavanca*. Apeiron, Montreal, 2008. ISBN: 9780973291179. Disponível em: `<www.ifi.unicamp.br/~assis>`.

[Ass10] A. K. T. Assis. *Archimedes, the Center of Gravity, and the First Law of Mechanics: The Law of the Lever*. Apeiron, Montreal, 2010. Segunda edição. ISBN: 9780986492648. Disponível em: `<www.ifi.unicamp.br/~assis>`.

[Dij87] E. J. Dijksterhuis. *Archimedes*. Princeton University Press, Princeton, 1987. Traduzido por C. Dikshoorn.

[Duh06] P. Duhem. *Les Origines de la Statique*, volume 2. Hermann, Paris, 1906.

[Duh91] P. Duhem. *The Origins of Statics*, volume 123 of *Boston Studies in the Philosophy of Science*. Kluwer, Dordrecht, 1991. Traduzido por G. F. Leneaux, V. N. Vagliente e G. H. Wagener.

[Euc56] Euclid. *The Thirteen Books of The Elements*, volume 3, Livros X-XIII. Dover, New York, 1956. Traduzido com introdução e comentários por Sir Thomas L. Heath.

[Euc09] Euclides. *Os Elementos*. Editora da Unesp, São Paulo, 2009. Tradução e introdução de I. Bicudo.

[Hea21] T. Heath. *A History of Greek Mathematics*. Clarendon Press, Oxford, 1921. Vol. II: From Aristarchus to Diophantus.

[MA12] C. P. Magnaghi and A. K. T. Assis. Calculation of the centre of gravity of the cone utilizing the method of Archimedes. *European Journal of Physics*, 33:637–646, 2012. doi: 10.1088/0143-0807/33/3/637.

[Mag] C. P. Magnaghi. Análise e Tradução Comentada da Obra de Arquimedes Intitulada "Método sobre os Teoremas Mecânicos." Tese de mestrado, Universidade Estadual de Campinas—UNICAMP, Campinas, 2011. Disponível em `<http://webbif.ifi.unicamp.br/teses/>` e em `<www.ifi.unicamp.br/~assis>`.

[Mug71] C. Mugler. *Les Oeuvres d'Archimède*, volume 2: *Des Spirales, De l'Équilibre des Figures Planes, L'Arénaire, La Quadrature de la Parabole.* Budé, Paris, 1971.

[Ror] C. Rorres. *Archimedes.* Homepage criada e mantida por C. Rorres. Disponível em: `<www.math.nyu.edu/~crorres/Archimedes/contents.html>`.

[Smi09] D. E. Smith. A newly discovered treatise of Archimedes. *The Monist*, 19:202–230, 1909.

[Ste30] W. Stein. Der Begriff des Schwerpunktes bei Archimedes. *Quellen und Studien zur Geschichte der Mathematik, Physik und Astronomie. Abt. B: Quellen. I*, pages 221–244, 1930.

Made in the USA
Monee, IL
04 November 2026

67377652R00036